Rolf Mull   Henning Nordmeyer   (Herausgeber)

Peter-Wilhelm Boochs   Helmut Lieth   (Mitherausgeber)

Pflanzenschutzmittel im Grundwasser

Eine interdisziplinäre Studie

Mit 63 Abbildungen

Springer-Verlag
Berlin Heidelberg New York London Paris Tokyo
Hong Kong Barcelona Budapest

Univ. Prof. Dr.-Ing. Rolf Mull
Universität Hannover, Institut für Wasserwirtschaft,
Hydrologie und landwirtschaftlichen Wasserbau
Appelstr. 9a, 30167 Hannover

Dr. rer. hort. Henning Nordmeyer
Biologische Bundesanstalt für Land- und Forstwirtschaft
Institut für Unkrautforschung
Messeweg 11-12, 38104 Braunschweig

Dr.-Ing. Peter-Wilhelm Boochs
Universität Hannover, Institut für Wasserwirtschaft,
Hydrologie und landwirtschaftlichen Wasserbau
Appelstr. 9a, 30167 Hannover

Univ. Prof. Dr. rer. nat. Helmut Lieth
Universität Osnabrück, Arbeitsgruppe Systemforschung
Artilleriestr. 34, 49069 Osnabrück

Gefördert von der Volkswagen-Stiftung

Umschlagbild: BASF Bilderdienst

ISBN-13:978-3-540-58030-0

Die Deutsche Bibliothek – CIP-Einheitsaufnahme:
Pflanzenschutzmittel im Grundwasser : Eine interdisziplinäre Studie / Hrsg.: Rolf Mull ; Henning Nordmeyer.
Mithrsg.: Peter-Wilhelm Boochs ; Helmut Lieth. – Berlin; Heidelberg; New York; London; Paris; Tokyo;
Hong Kong; Barcelona; Budapest : Springer, 1994
ISBN-13:978-3-540-58030-0   e-ISBN-13:978-3-642-79023-2
DOI: 10.1007/978-3-642-79023-2

NE: Mull, Rolf [Hrsg.]

Dieses Werk ist urheberrechtlich geschützt. Die dadurch begründeten Rechte, insbesondere die der Übersetzung, des Nachdrucks, des Vortrags, der Entnahme von Abbildungen und Tabellen, der Funksendung, der Mikroverfilmung oder der Vervielfältigung auf anderen Wegen und der Speicherung in Datenverarbeitungsanlagen, bleiben, auch bei nur auszugsweiser Verwertung, vorbehalten. Eine Vervielfältigung dieses Werkes oder von Teilen dieses Werkes ist auch im Einzelfall nur in den Grenzen der gesetzlichen Bestimmungen des Urheberrechtsgesetzes der Bundesrepublik Deutschland vom 9. September 1965 in der jeweils geltenden Fassung zulässig. Sie ist grundsätzlich vergütungspflichtig. Zuwiderhandlungen unterliegen den Strafbestimmungen des Urheberrechtsgesetzes.

© Springer-Verlag Berlin Heidelberg 1995

Die Wiedergabe von Gebrauchsnamen, Handelsnamen, Warenbezeichnungen usw. in diesem Werk berechtigt auch ohne besondere Kennzeichnung nicht zu der Annahme, daß solche Namen im Sinne der Warenzeichen- und Markenschutz-Gesetzgebung als frei zu betrachten wären und daher von jedermann benutzt werden dürften.

Einbandgestaltung: E. Kirchner, Heidelberg
SPIN: 10468747   30/3130 – 5 4 3 2 1 0 – Gedruckt auf säurefreiem Papier

Vorwort

Pflanzenschutzmittel dienen im wesentlichen der Sicherung der Nahrungsmittelproduktion. Durch ihre Anwendung ist es gelungen, die Menge und Qualität landwirtschaftlicher Produkte erheblich zu steigern. Allerdings hat der Einsatz von Pflanzenschutzmitteln auch dazu geführt, daß Rückstände in Ernteprodukten auftreten und der Naturhaushalt belastet werden kann. Das wichtigste Nahrungsmittel, das Trinkwasser, muß vor Rückständen dieser Stoffe geschützt werden.

Nachweislich sind aber Spuren dieser Stoffe in Wässern gefunden worden, die zur Trinkwasserversorgung dienen. In wenigen Fällen lagen die ermittelten Konzentrationen über den Grenzwerten, die von der Europäischen Union für Trinkwasser vorgegeben sind. Diese Befunde und die weit verbreitete Anwendung von Pflanzenschutzmitteln vornehmlich in der Landwirtschaft haben zu der Frage geführt, in welchem Maße die Trinkwasserversorgung in der Bundesrepublik Deutschland durch diese Stoffe bedroht ist. Die Volkswagen-Stiftung hat den Herausgebern des vorliegenden Berichtes Mittel zur Verfügung gestellt, um dieser Frage in einem dreijährigen Forschungsvorhaben nachzugehen.

Eigene Ergebnisse lokaler und regionaler Untersuchungen des Transports verschiedener Wirkstoffe im Untergrund einschließlich der Grundwasserzone und solche anderer nationaler und internationaler Forscher und Forschergruppen haben eine Einschätzung der angesprochenen Gefahr ermöglicht. Das Hauptaugenmerk wurde auf das Grundwasser gerichtet, da in der Bundesrepublik Deutschland etwa 75 % des Trinkwassers aus dieser Ressource stammen.

Die Herausgeber und Autoren bedanken sich bei Frau Gesa Schnelle für die umsichtige Durchführung der Laborarbeiten und bei Herrn Dr. Thomas Eggers für die kritische Durchsicht des Manuskripts. Ferner danken sie der Volkswagen-Stiftung für die gewährte finanzielle Unterstützung und dem Springer-Verlag für die Mithilfe, die Ergebnisse einem breiten Fachpublikum zugänglich zu machen.

Rolf Mull   Hannover, im Juni 1994

Inhaltsverzeichnis

1	**Einleitung**..	1
2	**Pflanzenschutzmittel und Wasserversorgung**	6
2.1	Wasserversorgung	6
2.2	Herkunft des Trinkwassers	7
2.3	Belastungssituation des Grundwassers..	7
2.4	Weg der Pflanzenschutzmittel zum Grundwasser	9
2.5	Ausbreitung der PSM im Grundwasser	11
2.6	Flächennutzung und PSM im Grundwasser	13
3	**Pflanzenschutzmittel und gesetzliche Bestimmungen**	16
3.1	Einteilung..	16
3.2	Eigenschaften..	18
3.3	Verbrauch und Anwendung	19
3.4	Gesetzliche Bestimmungen...	23
3.4.1	Pflanzenschutzgesetz...	23
3.4.2	Wasserhaushaltsgesetz	23
3.4.3	Trinkwasserverordnung	25
3.4.4	Pflanzenschutz-Anwendungsverordnung	26
3.4.5	Pflanzenschutz-Sachkundeverordnung...	27
3.5	Zulassung von Pflanzenschutzmitteln	27
4	**Pflanzenschutzmittel in der Umwelt**...	34
4.1	Aufwandmengen	34
4.2	Spritzfolge...	35
4.3	Wiederholte Anwendungen	38
4.4	Bodenbearbeitung...	40
4.5	Fruchtfolge..	40
4.6	Aufnahme durch Pflanzen	41
4.7	Klima	42
4.7.1	Verdunstung und Verflüchtigung..	42
4.7.2	Niederschlag	45
4.7.3	Temperatur..	46

5	**Ausbreitung von Pflanzenschutzmitteln im Boden und im Grundwasser**	47
5.1	Prozesse	47
5.1.1	Advektion	48
5.1.2	Dispersion	50
5.1.3	Ad- und Desorption	51
5.1.4	Biochemische Umwandlungen und Abbau	53
5.2	Einflüsse auf die Prozesse	55
5.2.1	Boden	55
5.2.1.1	Textur und Struktur	55
5.2.1.2	Humusgehalt	56
5.2.2	Flurabstand	58
5.2.3	Alterung	58
5.3	Pflanzenschutzmittel im Grundwasser	59
6	**Experimentelle Untersuchungen**	65
6.1	Charakterisierung der Böden und Grundwasserleitersedimente	66
6.2	Auswahl der Pflanzenschutzmittel	69
7	**Laborexperimente**	72
7.1	Abbau- und Sorptionsstudien in der ungesättigten Zone	72
7.1.1	Versuchsaufbau und -bedingungen	73
7.1.1.1	Sorptionsstudien	73
7.1.1.2	Abbaustudien	73
7.1.2	Ergebnisse und Diskussion	75
7.1.2.1	Sorptionsstudien	75
7.1.2.2	Abbaustudien	76
7.2	Abbau und Sorption im Grundwasser	78
7.2.1	Versuchsaufbau und -bedingungen	78
7.2.3	Ergebnisse	81
7.2.4	Folgerungen für die Berechnungen	85
8	**Lysimeterstudien**	86
8.1	Versuchsaufbau und -durchführung	86
8.2	Ergebnisse und Diskussion	89

9	**Feldexperimente**	94
9.1	Versuchsdurchführung	94
9.2	Ergebnisse	95
9.2.1	Grundwasseruntersuchungen	95
9.2.2	PSM-Verlagerung im Bodenprofil	96
9.2.2.1	Standort Meyenfeld	96
9.2.2.2	Standort Ruthe	98
10	**Simulationsmodelle**	101
10.1	Modellhierarchie	101
10.2	Modelle für die ungesättigte Bodenzone	103
10.3	Modelle für das Grundwasser	105
11	**Modellrechnungen in der ungesättigten Bodenzone**	107
11.1	Modell PETMOS	107
11.1.1	Mathematische Grundlagen	108
11.1.2	Modellparameter	110
11.1.3	Van Genuchten-Parameter	110
11.1.4	Degradationskoeffizienten	112
11.2	Modell PRZM	117
11.2.1	Simulationsrechnungen	118
11.2.1.1	Sensitivitätsanalysen	118
11.2.1.1	Standort Meyenfeld	121
11.2.1.2	Standort Ruthe	123
11.2.1.3	Referenzstandort	123
11.2.2	Boden- und Klimaszenarien Standort Hausen	125
11.3	Abschätzung des Eintrags von PSM in das Grundwasser	129
12	**Modellrechnungen im Grundwasser**	135
12.1	Fallstudie "HAUSEN"	135
12.1.1	Geologie und Geometrie des Grundwassersystems	135
12.1.2	Grundwasserströmung	137
12.1.3	Grundwasserneubildung und Oberflächengewässer	139
12.1.4	Böden und landwirtschaftliche Nutzung	140
12.1.5	Auftreten von PSM im Untersuchungsgebiet	141
12.1.5.1	Nachweishäufigkeit	141
12.1.5.2	PSM-Konzentrationen im Grundwasser	144
12.1.5.3	PSM-Konzentrationen in Oberflächengewässern	146

12.1.6	Zeitliche Entwicklung der PSM-Belastung in Grund- und Oberflächenwasser	147
12.1.7	Berechnung der Ausbreitung von PSM im Grundwasser	152
12.1.7.1	Modellkonzeption	152
12.1.7.2	Aufbau des Strömungsmodells	152
12.1.7.3	Abschätzung des Atrazineintrags in das Grundwasser	153
12.1.7.4	Simulation der Atrazinausbreitung (stationäre Betrachtung)	157
12.1.7.5	Abschätzung der Halbwertszeit für den Abbau von Atrazin im Grundwasser	159
12.1.7.6	Simulation der Atrazinausbreitung (instationäre Betrachtung)	161
12.2	Abschätzung der Belastung des Rohwassers von Grundwasserförderbrunnen durch PSM	163
13	**Zusammenfassung**	168
14	**Literaturverzeichnis**	174
15	**Sachverzeichnis**	190

Autoren

Dipl.-Ing. agr. Dirk Aderhold
Biologische Bundesanstalt für Land- und Forstwirtschaft
Institut für Unkrautforschung, Messeweg 11-12, 38104 Braunschweig

Dipl.-Phys. Hans-Hermann Bode
Universität Osnabrück, Arbeitsgruppe Systemforschung
Artilleriestraße 34, 49069 Osnabrück

Dr.-Ing. Peter-Wilhelm Boochs
Universität Hannover, Institut für Wasserwirtschaft, Hydrologie und
landwirtschaftlichen Wasserbau, Appelstraße 9a, 30167 Hannover

Univ. Prof. Dr.-Ing. Rolf Mull
Universität Hannover, Institut für Wasserwirtschaft, Hydrologie und
landwirtschaftlichen Wasserbau, Appelstraße 9a, 30167 Hannover

Dr. rer. hort. Henning Nordmeyer
Biologische Bundesanstalt für Land- und Forstwirtschaft
Institut für Unkrautforschung, Messeweg 11-12, 38104 Braunschweig

Dipl.-Geophys. Christoph Schöpfer
Technologieberatung Grundwasser und Umwelt GmbH
Niederlassung Erfurt, Brühler Herrenberg 2a, 99092 Erfurt

1 Einleitung

Die öffentliche Wasserversorgung in Deutschland deckt ihren Rohwasserbedarf überwiegend aus dem Grundwasser. Im Durchschnitt liegt der Anteil etwa bei 75 %, in Niedersachsen sogar bei 88 %. Grundwasser sollte bakteriologisch unbedenklich und frei von Stoffen sein, welche die Gesundheit des Menschen beeinträchtigen können, so daß es ohne weitere Aufbereitung an den Verbraucher abgegeben werden kann. Die Qualität des Grundwassers ist jedoch durch vielfältige Einflüsse gefährdet. Neben lokal begrenzten Stoffeinträgen aus punktuellen Quellen (Altablagerungen, Altstandorte, Deponien etc.) nehmen die Stoffeinträge aus diffusen Quellen zu. Dazu gehören z. B. Nitrateinträge aus der Düngung in der Landwirtschaft. Aber auch Pflanzenschutzmittel (PSM) werden zunehmend im Grundwasser nachgewiesen.

Seit der Mensch Ackerbau treibt, muß er seine Nahrungspflanzen gegen die verschiedensten Schadorganismen verteidigen. Mit Beginn des 19. Jahrhunderts wurden bereits anorganische Chemikalien wie z. B. Kupfervitriol, Arsenik, Ätzkalk und Schwefel eingesetzt. Einige davon kommen wegen ihrer Giftigkeit für den Pflanzenschutz unserer Zeit nicht mehr in Frage. Weitere Mittel, die heute verboten sind, kamen hinzu, wie z. B. Strychnin und Thallium zur Bekämpfung von Rattenplagen. Noch 1922 wurden Raupen der Nonne durch Flugzeugeinsätze mit Kalkarsen bekämpft, um den Kahlfraß der Wälder Ostpreußens einzudämmen. Auch im Weinbau wurde gegen den Heu- und Sauerwurm Bleiarsen eingesetzt. 1943 wurde der Einsatz von Arsen verboten. Es kamen nun die ersten organischen Insektizide zum Einsatz. Der Durchbruch des chemischen Pflanzenschutzes erfolgte, als es gelang, weitere wirksame organische Verbindungen herzustellen. Dazu gehörten DDT und Lindan. Mit ihnen wurden vor allem nach dem Zweiten Weltkrieg Überträger bedeutender Seuchen und Pflanzenschädlinge erfolgreich bekämpft. 1948 folgte mit Parathion der erste Phosphorsäureester.

Die Zeit der chemischen Unkrautbekämpfung begann schon Anfang des Jahrhunderts. Heute sind in der Bundesrepublik Deutschland ca. 230 Wirkstoffe mit rund 860 Handelspräparaten zugelassen, wohingegen in Deutschland vor 1945 nur 300 Handelspräparate mit lediglich 24 Wirkstoffen auf dem Markt waren.

Pflanzenschutzmittel werden in der Land- und Forstwirtschaft, im Gartenbau und auf Nichtkulturland seit vielen Jahren zur Unkraut- und Schädlingsbekämpfung eingesetzt. Bei der Anwendung von PSM gelangen insbesondere die Herbizide, je nach Vegetationsdichte und Anwendungsart, zu einem mehr oder weniger großen Teil auf und in den Boden und unterliegen dort vielfältigen Umwandlungsprozessen. Als wichtigste Vorgänge, die zu einem Verlust bzw. zur Inaktivierung der Wirkstoffe führen, sind Sorption, Abbau und Verflüchtigung anzusehen. Diese Vorgänge sind für Oberböden (Ackerkrume 0 bis 30 cm Tiefe) in umfangreichen Übersichtsarbeiten und in zahlreichen Untersuchungen mit speziellen Fragestellungen beschrieben (z. B. Hance, 1980; Seibert und Führ, 1984; Peter und Weber, 1985; Boesten, 1986; Allen und Walker, 1987; Madhun und Freed, 1987; Schiavon, 1988; Cheng, 1990).

PSM können mit dem Sickerwasser in tiefere Bodenschichten und unter ungünstigen bodenkundlichen und hydrogeologischen Gegebenheiten bis ins Grundwasser verlagert werden. Wie tief eine Kontaminationsfront im Bodenprofil vordringt und wie hoch gegebenenfalls die PSM-Einträge in das Grundwasser sind, hängt wesentlich von den Boden- und Wirkstoffeigenschaften sowie den Witterungsbedingungen ab.

Da neben dem Wasser auch der Boden zu den besonders schützenswerten Gütern unserer Erde gehört, ist es eine wichtige Aufgabe, seine Leistungs- und Regenerationsfähigkeit zu erhalten. Es sind deshalb in den vergangenen Jahren große Anstrengungen unternommen worden, die Wirkungen von Pflanzenschutzmitteln auf den Boden zu erforschen. Dies gilt insbesondere auch für die Nebenwirkungen auf den Naturhaushalt, der als Wirkungsgefüge von Boden, Wasser und Luft (abiotische Umwelt) sowie von Pflanzen und Tieren aller Art (biotische Umwelt) definiert wird. Um diese Auswirkungen auf den Naturhaushalt beurteilen zu können, ist es notwendig, umfassende Informationen über den Verbleib der Wirkstoffe im Boden und seiner benachbarten Kompartimente zu erhalten. Aus diesem Grunde wird bereits seit Beginn der 50er Jahre auf diesem Gebiet intensiv gearbeitet, wobei anfänglich dem chemisch-physikalischen Verhalten der Mittel im Boden erhöhte Aufmerksamkeit gewidmet wurde. Seit geraumer Zeit werden aber mehr und mehr Probleme im Zusammenhang mit einer Grundwasserkontamination behandelt. Im Trinkwasser darf für einen Wirkstoff die Konzentration von 0,1 µg/l nicht überschritten werden. Liegen mehrere Wirkstoffe vor, so darf die Konzentration in der Summe nicht höher als 0,5 µg/l sein. Auf das Problem der Grundwasserkontamination wurde in den durchgeführten Untersuchungen das Hauptaugenmerk gerichtet.

Notwendigkeit des Pflanzenschutzes

Pflanzen sind die Hauptnahrungsquelle des Menschen. Sie werden von 80.000 bis 100.000 verschiedenen Krankheiten, verursacht durch Viren, Bakterien, Pilze, Algen etc., befallen. Etwa 3.000 verschiedene Nematodenarten greifen Pflanzen an. Unter den 800.000 Insektenarten treten 10.000 als Schädlinge an Nutzpflanzen auf. Von den rund 3.000 höheren Pflanzen, die in Deutschland heimisch sind, wachsen etwa 300 als Wildkräuter auf landwirtschaftlich genutzten Flächen. Etwa 30 davon können ernsthafte Schäden hervorrufen und müssen daher bekämpft werden. Diese Zahlen sollen verständlich machen, daß jährlich in der Welt etwa 1,5 Milliarden Tonnen Erntegüter durch Krankheitserreger, Schädlinge und die Konkurrenz mit Unkräutern verlorengehen. Die Verluste entsprechen etwa einem Drittel der potentiell möglichen Welternte.

Nach Angaben der FAO (Food and Agriculture Organization of the United Nations) (FAO, 1984) wird die bis zum Jahre 2000 notwendige landwirtschaftliche Produktionssteigerung auf folgenden Wegen zu erreichen sein:

60 % über die Steigerung der Flächenerträge,
26 % über eine Ausdehnung der Ackerfläche um 110-150 Mio. ha
    (auf Kosten von heute noch unberührten Ökosystemen!),
14 % über eine Intensivierung der Anbaufolgen.

Da der Nahrungsbedarf der Weltbevölkerung in Zukunft weiter steigen wird, kann man damit rechnen, daß die Landwirtschaft die Flächenintensität erhöht und damit auch die Anwendung von Pflanzenschutzmitteln weltweit eher forciert als vermindert wird.

Anders sieht es dagegen in Ländern mit Überproduktion aus. So sind z. B. in Deutschland und den anderen EU-Ländern Extensivierungsprogramme angelaufen, die über die Stillegung von Flächen (15 % Rotationsbrache) oder die geringere Bewirtschaftungsintensität zu einem Produktionsrückgang führen sollen. Eine Extensivierung führt auf den Flächen zu einem geringeren Einsatz von Pflanzenschutzmitteln. Ob es auch gesamtlandwirtschaftlich zu einem Rückgang des Pflanzenschutzmittelaufwandes kommt, bleibt jedoch abzuwarten, da auf den verbleibenden Flächen die Intensität der Produktion erhöht wird.

Die heute als konventionell bezeichnete landwirtschaftliche und gärtnerische Produktion hat sich unter wirtschaftlichen Zwängen dem technischen Fortschritt der übrigen Wirtschaft anpassen müssen. Die Arbeitseinsparung steht dabei im Vordergrund, wobei der Ersatz der oft handarbeitsaufwendigen Unkrautbekämpfung durch den Einsatz von Herbiziden am auffälligsten ist und einst als soziale Revolution bezeichnet wurde.

In begrenztem Rahmen ist auch eine Pflanzenproduktion ohne chemischen Pflanzenschutz durchführbar. Das ist jedoch nur möglich, wenn sich am Markt für diese Produkte höhere Preise erzielen lassen. Eine vollständige Umstellung auf einen sogenannten ökologischen Landbau ist derzeit illusorisch.

<u>Gefahren der Anwendung von Pflanzenschutzmitteln</u>

Pflanzenschutzmittel führen nach ihrer Anwendung zu einer Beeinflussung des Naturhaushaltes. Dabei können neben der beabsichtigten Wirkung unbeabsichtigte Nebenwirkungen auftreten. So können z. B. Pflanzenschutzmittel mit dem Sickerwasser unter bestimmten bodenkundlichen und hydrogeologischen Gegebenheiten im Bodenprofil verlagert werden und zu einer Kontamination des Grundwassers führen. Daraus kann eine Gefährdung der Trinkwasserversorgung resultieren.

Die Einflüsse, die zum Eintrag von PSM in das Grundwasser führen, sind vielfältig. Es besteht ein Handlungsbedarf, diese Einflüsse zu erfassen, damit Maßnahmen ergriffen werden können, den Eintrag auf ein tolerierbares Maß zu begrenzen und so einen Interessenkonflikt zwischen der Landbewirtschaftung und der Wassernutzung zu vermeiden. Mit dem zunehmenden Erkennen von Pflanzenschutzmitteln im Grundwasser im Spurenbereich stellt sich auch die Frage nach dem Verhalten und Verbleib im Grundwasserleiter unter spezifischen Milieubedingungen. Es ist bekannt, daß eine Reihe von physikalischen, chemischen und biologischen Prozessen, die für die Ausbreitung im Untergrund verantwortlich sind, zu beachten sind. So ist z. B. die bis vor wenigen Jahren vorherrschende Ansicht, daß ein biochemischer

Abbau von PSM im Grundwasser nicht stattfindet, heute nicht mehr aufrechtzuerhalten.

Das Forschungsprojekt diente daher im wesentlichen zur Klärung der Transport- und Umwandlungsvorgänge von PSM beim Durchgang durch den Oberboden, die ungesättigte Zone und im Grundwasser (gesättigte Zone) im Hinblick auf eine qualitativ gesicherte Trinkwassergewinnung. Die Labor- und Freilanduntersuchungen bildeten die Grundlage zur Kalibrierung und Validierung von Simulationsmodellen, mit denen die Verlagerung im Bodenprofil und der Transport im Grundwasser unter Berücksichtigung verschiedener Szenarien prognostiziert werden können. Ist ein Gefährdungspotential erkennbar, kann zur Vermeidung schädlicher PSM-Konzentrationen im Grundwasser ein Handlungskonzept abgeleitet werden. Das Erkennen von Gefährdungspotentialen und die daraus abzuleitenden Maßnahmen werden an Beispielen aufgezeigt.

2 Pflanzenschutzmittel und Wasserversorgung

2.1 Wasserversorgung

Wasser wird für viele Zwecke genutzt. Der Bundesverband für Gas und Wasser e. V. (BGW) ordnet den Gebrauch des Wassers verschiedenen Gruppen zu, deren jährlicher Wasserbedarf in Niedersachsen dem Umweltbericht der Niedersächsischen Landesregierung (Niedersächsiches Umweltministerium, 1993) entnommen wurde. Für die Kraftwerke und die Industrie liegen, bezogen auf die neuen Bundesländer, in der BGW-Statistik noch keine Angaben vor. Sie sind daher geschätzt und zu den Werten, bezogen auf die alten Bundesländer, addiert worden. Geschätzt sind ebenfalls die Zahlen für den Bedarf der Landwirtschaft zur Bewässerung, auf der Grundlage der Angaben von Achtnich (1980) über die bewässerten Flächen in den alten und neuen Bundesländern und einem mittleren Wasserbedarf von 70 mm/(ha·Jahr).

Tabelle 1-1. Verbrauchergruppen und Wasserverbrauch 1992 in der Bundesrepublik Deutschland und Niedersachsen

Verbraucher	Wasserverbrauch 1992 (Milliarden Kubikmeter pro Jahr)	
	Bundesrepublik	Niedersachsen
Kraftwerke	40	5
Industrie	12	0,6
Haushalte, Gewerbe, öffentl. Einrichtungen	6,5	0,6
Bewässerung	0,6	0,2

Die öffentliche Wasserversorgung hat für die Haushalte, das Gewerbe, öffentliche Einrichtungen und zum Teil für die Industrie Trinkwasser zu liefern. In der Industrie wird für die Nahrungsmittelproduktion einschließlich Getränke, für Reinigungszwecke und anderes ebenfalls Wasser mit Trinkwasserqualität benötigt. Zum Teil wird dieses Wasser aus eigenen Anlagen gewonnen. Der Anteil an Wasser, der von der Industrie selbst gewonnen und mit Trinkwasserqualität besonderen Nutzungen zugeführt wird, ist auf 30 % der gesamten industriell genutzten Wassermenge geschätzt worden. Daraus ergibt sich für die Bundesrepublik Deutschland eine genutzte Wassermenge mit Trinkwasserqualität von ca. 10 Milliarden Kubikmeter pro Jahr. Auf Niedersachsen entfallen davon 0,8 Milliarden Kubikmeter.

2.2 Herkunft des Trinkwassers

Das mit Trinkwasserqualität in der Bundesrepublik Deutschland genutzte Wasser kommt zu etwa 75 % aus dem Untergrund. Es wird aus Brunnen zur Oberfläche gepumpt oder in Quellschüttungen gefaßt. In Niedersachsen beträgt dieser Anteil ca. 88 %. Der jeweilige Rest wird Oberflächengewässern direkt oder indirekt entnommen. Unter der indirekten Entnahme wird das Pumpen von Uferfiltrat verstanden. Wasser versickert in Flußbetten und gelangt nach einer kurzen Untergrundpassage in Brunnen, aus denen es gepumpt wird.

Zu berücksichtigen ist jedoch, daß auch der größte Teil des in fließenden und stehenden Oberflächengewässern befindlichen Wassers durch Grundwasserleiter geflossen ist. Mit Blick auf die Gefährdung der Wasserqualität durch Pflanzenschutzmittel ist also das Hauptaugenmerk auf das Grundwasser zu richten.

2.3 Belastungssituation des Grundwassers

In Untersuchungen des Grundwassers auf Pflanzenschutzmittel konnten in den letzten Jahren aufgrund gezielter Probennahme und verbesserter Analysetechniken Belastungen mit Wirkstoffen im Spurenbereich nachgewiesen werden (Cohen et al., 1984; Friesel et al., 1987; Milde und Friesel, 1987; LWA, 1988; Industrieverband Pflanzenschutz e. V., 1987; Lösking et al., 1992). Es zeigte sich jedoch, daß das Grundwasser nicht flächendeckend mit PSM belastet ist (UBA, 1993). Seit 1990 erhält das Umweltbundesamt Meldungen der Länder und von Wasserversorgungsunternehmen über PSM-Funde im Wasser. Danach konnten bis 1992 auf der Basis von 160.000 untersuchten Rohwasserproben bei ca. 14.000 Messungen (8,7 %) PSM-Wirkstoffe oder Metabolite nachgewiesen werden (Meldung der Länder). In 2,9 % der Fälle lagen die Konzentrationen oberhalb des Grenzwertes der Trinkwasserverordnung. Diese Daten beziehen sich allerdings auf verschiedene Wasserarten wie Grund- und Quellwasser, Oberflächenwasser, Uferfiltrat und angereichertes Grundwasser. Insgesamt wurde bei diesen Untersuchungen auf mehr als 150 Wirkstoffe analysiert. Über 95 % der Befunde wurden von 20 Wirkstoffen verursacht. Die Überschreitungen der Grenzwerte bezogen auf Trinkwasser waren zu über 70 % auf das mittlerweile verbotene Atrazin und seine Metaboliten zurückzuführen.

In den "alten" Bundesländern wurden in der Vergangenheit zuerst die Chlortriazine Atrazin und Simazin im Grundwasser analysiert (Giessl und Hurle, 1984). Mittlerweile konnten jedoch mehr als 40 PSM-Wirkstoffe im Grund- und Quellwasser nachgewiesen werden, die sich in ihren chemisch-physikalischen Eigenschaften zum Teil deutlich unterscheiden.

Regionale bzw. flächenhafte Untersuchungen zur Belastungssituation des Grundwassers mit Pflanzenschutzmitteln werden z. B. von Giessl und Hurle (1984), Friesel et al. (1987) und in einer IPS-Studie (Industrieverband Pflanzenschutz e. V., 1987) vorgestellt. Da in vielen Fällen eine endgültige Absicherung der Meßergebnisse mittels GC/MS-Kopplung nicht durchgeführt wurde, kann es sich zum Teil um falsch-positive Befunde handeln. Die Gesamtproblematik der Grundwasserbeeinflussung durch Pflanzenschutzmittel unter besonderer Berücksichtigung des Bodenschutzes wurde bereits 1986 von Milde und Leschber (1986) beschrieben.

Im 6. Fachgespräch "Gewässer und Pflanzenschutzmittel" (Milde und Müller-Wegener, 1989) standen die Bestandsaufnahme, die Verhinderungs- und Sanierungsstrategien, aber auch Ergebnisse der Grundlagenforschung und analytische Probleme ganz oben auf der Tagesordnung.

In Nordrhein-Westfalen werden seit 1987 vom Landesamt für Wasser und Abfall Untersuchungen auf PSM durchgeführt. 62 % der Grundwasserproben zeigten keine Befunde. In 28 % der Fälle lagen die Befunde unterhalb des Grenzwertes der Trinkwasserverordnung und in 10 % der Fälle wurde dieser überschritten.

In Bayern haben Amann et al. (1989) das Rohwasser aus Brunnen der 51 größten Wasserversorgungsunternehmen untersucht. Dabei ergaben sich in 14 % der Anlagen Grenzwertüberschreitungen. Es handelte sich dabei ausschließlich um den Wirkstoff Atrazin und dessen Metaboliten Desethylatrazin.

Schleyer und Kerndorff (1992) haben 147 verschiedene Rohwasserproben in Deutschland auf 35 Wirkstoffe untersucht. In fast 20 % aller Fälle lag die Konzentration eines Wirkstoffs oberhalb der Nachweisgrenze. In ca. 2 % der untersuchten Proben wurde der Grenzwert von 0,1 µg/l durch Atrazin überschritten. Ähnliche

Resultate liegen aus dem Grundwasserüberwachungsprogramm Baden-Württembergs vor.

Zusammenfassend ist festzustellen, daß in einigen Fällen Grundwasserbelastungen oberhalb des Grenzwertes auftraten, die einigen Wasserversorgungsunternehmen Probleme hinsichtlich der Grenzwerteinhaltung bereiteten.

2.4 Weg der Pflanzenschutzmittel zum Grundwasser

Abbildung 2-1 zeigt schematisch den Einsatz und das Verhalten der Pflanzenschutzmittel nach der Applikation ober- und unterhalb der Bodenoberfläche. Die Applikation von Pflanzenschutzmitteln erfolgt im allgemeinen auf die Bodenoberfläche oder auf den Pflanzenbestand. Nach dem Ausbringen unterliegen sie vielfältigen Einflüssen, die in Tabelle 2-2 zusammengestellt sind. Ein Teil der PSM wird im Niederschlags- und Bodenwasser gelöst. Mit diesem Wasser können Wirkstoffe durch die ungesättigte Bodenzone bis zum Grundwasser gelangen. Ein Ziel des Vorhabens war, Einflüsse auf die Konzentration der PSM im Sickerwasser zu erfassen.

Ein anderer Weg führt über die Oberflächengewässer. Mit PSM beladenes Grundwasser kann in Oberflächengewässer austreten. Von Feldern, auf denen PSM angewendet wurden, kann ein Teil an der Oberfläche abgespült werden ("runoff") und in Gräben und Flüsse gelangen. Es wurde bereits auf Uferfiltrat hingewiesen, mit dem die PSM zu Brunnen transportiert werden. Der Anteil des Uferfiltrats an der gesamten hier zur Diskussion stehenden Wassermenge beträgt in der Bundesrepublik ca. 6 %. In Niedersachsen ist dieser Anteil bedeutungslos.

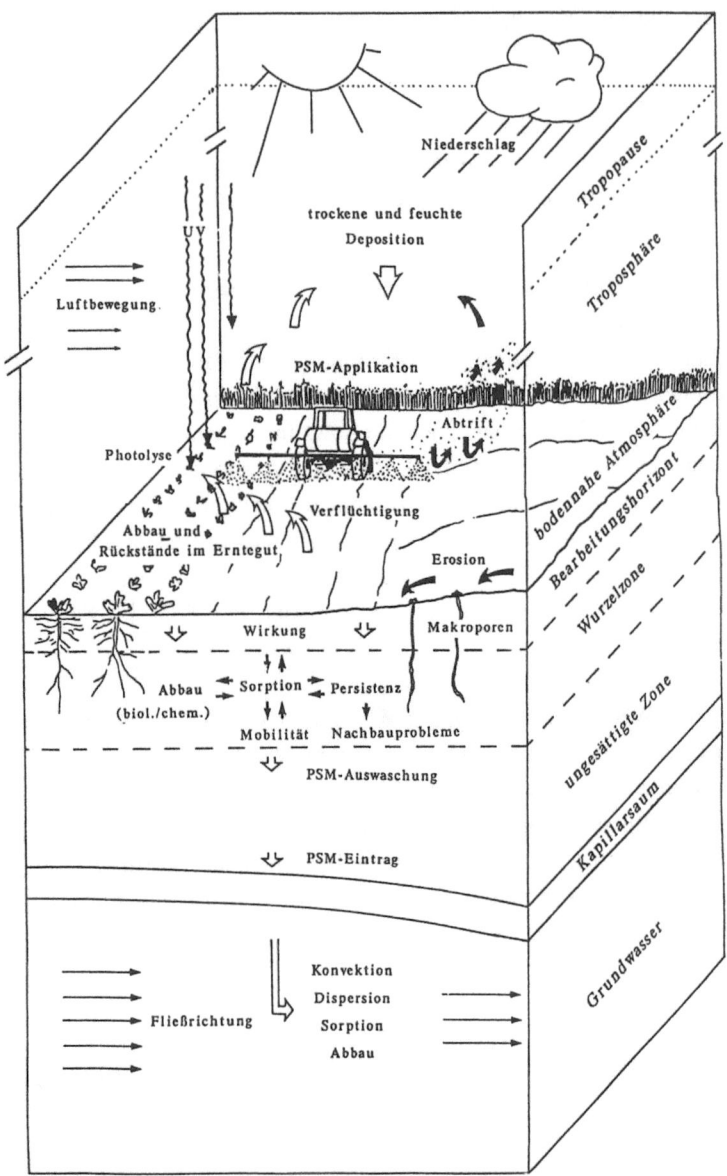

Abb. 2-1. PSM-Dynamik in Agrarökosystemen

Tabelle 2-2. Parameter, die Einfluß auf den Eintrag von Pflanzenschutzmitteln in das Grundwasser haben

primäre Parameter	sekundäre Parameter
Persistenz des Wirkstoffs	Temperatur, Licht
Aufwandmenge	Zweck, Kulturart
Anwendungshäufigkeit	Fruchtfolge
Abtrag von der Oberfläche	Niederschlag, Relief
Verdunstung	Dampfdruck, Temperatur, Blattbedeckungsgrad
Infiltration in den Boden	Niederschlag, Bodenart, Humusgehalt, Makroporen
Aufnahme über die Pflanzenwurzeln	Wachstumsstadium (Wurzeltiefe) Wassergehalt, Wasserbedarf der Pflanzen, Wasserlöslichkeit des Wirkstoffs
Sickerwassergeschwindigkeit	Niederschlag, Durchlässigkeit, Wassergehalt, Wasserspeichervermögen
Adsorption	Wirkstoff, Bodenart, Humusgehalt
Abbau	Wirkstoff, pH-Wert, mikrobielle Aktivität, (bedingt) Humusgehalt,
Flurabstand	Verweildauer im Boden

2.5 Ausbreitung der PSM im Grundwasser

In Abbildung 2-2a und 2-2b ist der Weg der PSM vom Eindringen in das Grundwasser bis zu einem Entnahmebrunnen in einer Prinzipskizze dargestellt. Grundwasser, das zu einem Brunnen fließt, wird in dessen Einzugsgebiet neu gebildet. Diese Neubildung erfolgt im allgemeinen durch zusickerndes Niederschlagswasser. Mit diesem Wasser können sich die PSM bewegen, die mit dem Sickerwasser (oder dem Uferfiltrat) in den Untergrund eingedrungen sind und zu Trinkwasserbrunnen gelangen.

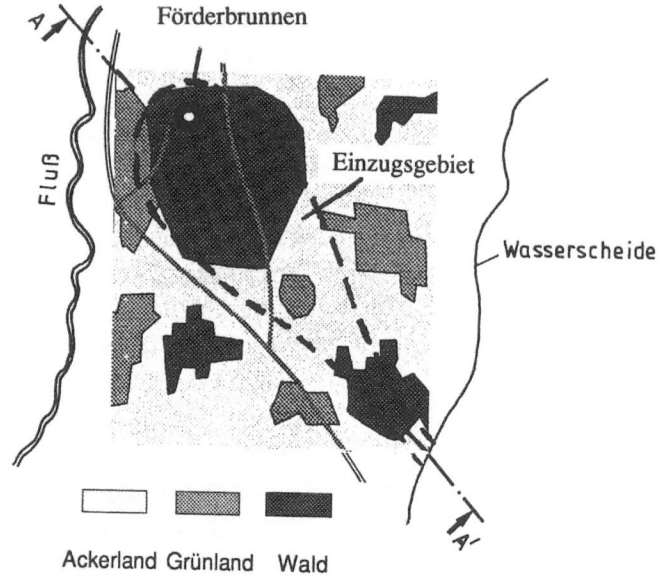

Abb. 2-2a. Grundwassereinzugsgebiet und Landnutzung

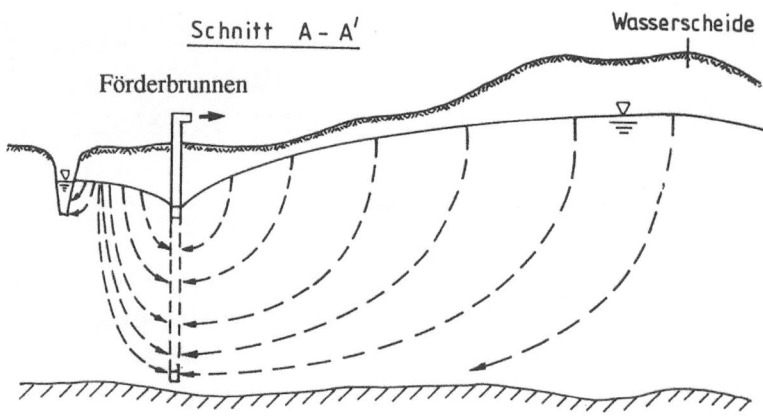

Abb. 2-2b. Wege der PSM von der Bodenoberfläche bis zum Entnahmebrunnen

Auf ihrem Weg im Grundwasserleiter unterliegen die PSM zahlreichen Einflüssen, welche im allgemeinen die Konzentration mindern. Diese Einflüsse sind in Tabelle 2-3 zusammengestellt.

Tabelle 2-3. Parameter, die Einfluß auf die Konzentration von Pflanzenschutzmitteln im Grundwasser haben

primäre Parameter	sekundäre Parameter
Stoffanlieferung an die Grundwasseroberfläche	siehe Tabelle 2-1
Grundwasserneubildung	Niederschlag, Bodenart, Vegetation
Tiefe des Grundwasserleiters	Ort der Grundwassserentnahme
Dispersion	Aufbau des GW-Leiters, Fließgeschwindigkeit des GW
Eintrag in andere GW-Stockwerke	Abdeckung durch Grundwasserhemmschichten
Verweilzeit der PSM im Grundwasser	Adsorption, biochemischer Abbau

Je länger die Verweildauer der Pflanzenschutzmittel im Grundwasser, desto geringer werden die Konzentrationen (z. B. durch Abbau). Je mächtiger der Grundwasserleiter, desto größer ist in der Regel die Verweilzeit, und um so geringer ist die PSM-Konzentration.

Es war das Ziel des Vorhabens, diese Einflußfaktoren bei der Einschätzung der Gefährdung des Grundwassers durch PSM neben dem Eintrag in die Grundwasseroberfläche zu quantifizieren und zu bewerten. Erst eine ganzheitliche Beobachtung erlaubt eine Einschätzung des Gefährdungsgrades der Wasserversorgung durch PSM im Grundwasser.

2.6 Flächennutzung und PSM im Grundwasser

Die Anwendung von PSM erfolgt vorwiegend auf landwirtschaftlich und gärtnerisch genutzten Flächen. Hinzu kommt die Anwendung auf Nichtkulturland (Gleise, Wege und Plätze). Kontaminationen aus Leckagen, Unfällen etc. bleiben bei dieser Betrachtung unberücksichtigt.

Bezogen auf die Bundesrepublik Deutschland und auch Niedersachsen ergeben sich jeweils Flächenanteile der landwirtschaftlichen Nutzung von ca. 40 %. Dieser Anteil ist jeweils aus Aufstellungen der Landnutzung von Plachter (1991) für die Bundesrepublik Deutschland und die ehemalige DDR und im Umweltbericht der Niedersächsischen Landesregierung (Niedersächsisches Umweltministerium, 1993) berechnet worden.

Die Flächen, die für die Versorgung von Wasser mit Trinkwasserqualität jeweils in den Bezugsgebieten beansprucht werden, betragen maximal 15 % bezogen auf die Bundesrepublik Deutschland und 8 % in Niedersachsen. Bei dieser Abschätzung werden folgende Annahmen gemacht:

– Das gesamte genutzte Wasser wird durch versickernden Niederschlag neu gebildet.
– Die Neubildung beträgt räumlich und zeitlich gemittelt 200 mm/Jahr.

Mit dieser Gegenüberstellung wird eine erste Begründung dafür gegeben, warum nur in relativ wenigen Brunnen bisher Konzentrationen an PSM gefunden wurden, welche den Grenzwert der Trinkwasserverordnung übersteigen. Viele Brunnen haben Einzugsgebiete, in denen keine oder nur geringe Mengen an Pflanzenschutzmitteln angewendet werden.

Es bestehen zwei Möglichkeiten, das zu fördernde Grundwasser vor Pflanzenschutzmitteln zu schützen. Fassungsanlagen können dort errichtet werden, wo auf Grund der Landnutzung (Wald, Grünland) kaum Pflanzenschutzmittel angewendet werden. Der zweite Weg besteht in der Einschränkung der Anwendung (Wasserschutzgebietsauflage) und im Verbot bestimmter Pflanzenschutzmittel in den Einzugsgebieten von Trinkwasserfassungsanlagen. Aufgrund der o.g. für die Wasserversorgung benötigten Flächenanteile werden die Einschränkungen bzw. Verbote zu keiner wesentlichen Minderung der Nahrungsproduktion (volkswirtschaftlicher Aspekt) führen. Bei Entschädigung der Betroffenen für Ertragsminderung (betriebswirtschaftlicher Aspekt) wird der Betrieb vor ökonomischen Verlusten geschützt. Mit Blick auf die in Frage kommenden Flächen müßte dieser Ausgleich volkswirtschaftlich auch vertretbar sein. In Baden-Württemberg und Niedersachsen werden die Wasserverbraucher über den sog. Wassergroschen zu diesen Ausgleichszahlungen herangezogen.

Die Verunreinigung des Grundwassers mit Pflanzenschutzmitteln in dem Maße, daß die Grenzwerte der EU-Richtlinien für die Trinkwasserqualität verletzt werden, ist bei den Wasserfassungsanlagen nur dort zu erwarten, wo große Teile des Einzugsgebietes der Brunnen landwirtschaftlich genutzt werden und keine Einschränkungen bezüglich der Anwendung von Pflanzenschutzmitteln in diesen Einzugsgebieten existieren. Darüber hinaus ist die Wasserqualität von Hausbrunnen und anderen Eigenversorgungsanlagen gefährdet, die im Bereich ackerbaulich genutzter Flächen liegen.

Die schon zitierten Untersuchungen von Schleyer und Kerndorff (1992) bezogen auf die Bundesrepublik Deutschland und die Untersuchungen von Lösking et al. (1992) und Pestemer et al. (1993) zeigen, daß die Gefährdung der Trinkwasserversorgung durch Pflanzenschutzmittel in der Bundesrepublik Deutsch-land und auch in Niedersachsen ein mehr lokales Problem ist.

3 Pflanzenschutzmittel und gesetzliche Bestimmungen

3.1 Einteilung

Nach dem Pflanzenschutzgesetz von 1986 (Pflanzenschutzgesetz, 1986) sind Pflanzenschutzmittel Substanzen, die dazu bestimmt sind:

- Pflanzen vor Schadorganismen oder nichtparasitären Beeinträchtigungen zu schützen,
- Pflanzenerzeugnisse vor Schadorganismen zu schützen,
- Pflanzen oder Pflanzenerzeugnisse vor Tieren, Pflanzen oder Mikroorganismen zu schützen, die nicht Schadorganismen sind,
- die Lebensvorgänge von Pflanzen zu beeinflussen, ohne ihrer Ernährung zu dienen (Wachstumsregler),
- das Keimen von Pflanzenerzeugnissen zu hemmen (z. B. Keimhemmungsmittel bei Kartoffeln).

Des weiteren gelten auch die Stoffe als Pflanzenschutzmittel, die dazu verwendet werden, Pflanzen abzutöten oder Flächen von Pflanzenbewuchs freizuhalten.

Die wichtigsten Pflanzenschutzmittel sind chemische Unkrautbekämpfungsmittel (Herbizide), insektentötende Mittel (Insektizide) und pilztötende Mittel (Fungizide). Molluskizide werden gegen Schnecken, Akarizide gegen Milben, Nematizide gegen Nematoden und Rodentizide gegen Nagetiere eingesetzt.

Herbizide:

Herbizide unterscheidet man nach der Aufnahme durch die Pflanze, der Wirkungsweise, der Wirkungsbreite und der Wirkungsdauer.

Aufnahme durch die Pflanze:

a) Blattherbizide werden über die grünen Pflanzenteile aufgenommen.
b) Bodenherbizide gelangen über die Wurzeln in die Pflanze.

Wirkungsweise:

a) Kontaktmittel wirken bei direkter Berührung mit den grünen Teilen der Pflanze, die vor allem durch Verätzung, aber auch durch Störung des Stoffwechsels geschädigt werden. Die Mittel werden in der Pflanze nicht weitergeleitet. Da die Pflanzenwurzeln durch Kontaktherbizide nicht erreicht werden, können vor allem ausdauernde Unkräuter später aus den Überdauerungsorganen wieder austreiben.
b) Systemische Mittel werden durch Blätter, Stengel oder Wurzeln aufgenommen und in der Pflanze zum Wirkort transportiert.
c) Bodenherbizide werden zur vorbeugenden Unkrautbekämpfung eingesetzt und daher auf den unbewachsenen, noch unkrautfreien Boden gespritzt. Die Mittel wirken auf die Keimung des Unkrautsamens oder auf die junge Keimpflanze. Auf Böden mit hohem Gehalt an organischer Substanz ist die Wirkung mehr oder weniger beeinträchtigt.

Wirkungsbreite:

a) Selektive Herbizide wirken nur auf bestimmte Pflanzenarten.
b) Totalherbizide schädigen alle Pflanzenarten und werden u. a. auf Bahngleisen, Wegen und Plätzen eingesetzt.

Wirkungsdauer:

a) Sofortwirkung: Kontakt- und Wuchsstoffmittel haben zwar eine Sofortwirkung, sie wirken jedoch nicht nachhaltig.
b) Dauerwirkung: Bodenherbizide haben eine Dauerwirkung, d. h., sie wirken über eine längere Zeitspanne (z. B. Vegetationsperiode).

Insektizide:

Bei Insektiziden unterscheidet man Berührungs- oder Kontaktgifte (Wirkstoffaufnahme durch direkten Kontakt), Fraßgifte (Wirkstoffaufnahme beim Fressen oder Saugen an behandelten Pflanzenteilen) und Entwicklungshemmer (Aufnahme beim Fressen, hemmen die Weiterentwicklung des Insekts).

Fungizide:

Fungizide unterteilt man in protektive und kurative Mittel, die als Kontaktmittel (Pilzsporen, die auf eine mit einem fungiziden Belag versehene Pflanze treffen, werden bei der Bildung des Keimschlauches durch Berührung und Aufnahme des Fungizids abgetötet) oder als systemische Mittel (das in der Pflanze wachsende Pilzmyzel wird durch ein von der Pflanze aufgenommenes und in ihr transloziertes Fungizid abgetötet) wirksam werden.

Bei der Formulierung von Pflanzenschutzmitteln werden die eigentlichen Wirkstoffe mit Zusatzstoffen, wie Löse-, Netz- und Haftmitteln, sowie mit Trägerstoffen kombiniert. Formulierungen und Spritzflüssigkeiten können als Emulsion, Suspension, Lösung oder Aerosol ausgebracht werden.

Genauso wichtig wie die Wahl eines geeigneten, zugelassenen Pflanzenschutzmittels ist der Einsatz geeigneter, exakt arbeitender Pflanzenschutzgeräte. Diese müssen eine korrekte Dosierung und eine gleichmäßige Verteilung auf der Zielfläche ermöglichen. Große Mengen an PSM, die an einem Ort in den Boden gelangen (ungleichförmige Verteilung), erhöhen die Eintragswahrscheinlichkeit der Stoffe in das Grundwasser an dem betreffenden Ort.

3.2 Eigenschaften

Chemisch lassen sich die synthetischen PSM in größere Gruppen einteilen, so z. B. nach bestimmten Grundstrukturen oder nach funktionellen Gruppen. Folgende Gruppen sind von Bedeutung:

- Organochlorverbindungen,
- Organophosphorverbindungen,
- Carbamate,
- Phenylharnstoffe,
- Carbonsäuren und Derivate,
- Stickstoffverbindungen,
- Phenole, Phenolester und Phenolether.

Physikalisch-chemische Eigenschaften dieser Wirkstoffe bzw. Wirkstoffgruppen sowie Handelsnamen, Strukturformeln, Toxizitätsdaten usw. sind in einschlägigen

Nachschlagewerken beschrieben. Das Verhalten einzelner Wirkstoffe in verschiedenen Umweltkompartimenten wird sehr deutlich von den physikalisch-chemischen Eigenschaften bestimmt. Dazu gehören u. a. Dampfdruck, Löslichkeit und Verteilungskoeffizienten (n-Oktanol/Wasser). Umfangreiche Zusammenstellungen sind bei Perkow (1993) und Industrieverband Agrar e. V. (1990) zu finden.

3.3 Verbrauch und Anwendung

Von der Biologischen Bundesanstalt für Land- und Forstwirtschaft (BBA) in Braunschweig waren im Einvernehmen mit dem Bundesgesundheitsamt und dem Umweltbundesamt bis März 1994 rund 230 Pflanzenschutzmittelwirkstoffe in ca. 860 Handelspräparaten zugelassen (Abbildung 3-1).

Die jeweils aktuelle Zulassungssituation ist starken Fluktuationen unterworfen, da nach Auslaufen einer Zulassung für die Wiedererteilung umfangreiche Untersuchungsergebnisse der Behörde vorgelegt werden müssen (z. B. empfindliche Analysenmethode im Wasser im Bereich < 0,1 µg/l , Auswirkungen auf Flora und Fauna). Verschärfte Zulassungsbedingungen (Pflanzenschutzgesetz, Anwendungsverordnung) haben dazu geführt, daß für bestimmte PSM keine Zulassung beantragt wird. Teilweise wird auch von den Herstellerfirmen aus wirtschaftlichen Gründen keine Neuzulassung beantragt.

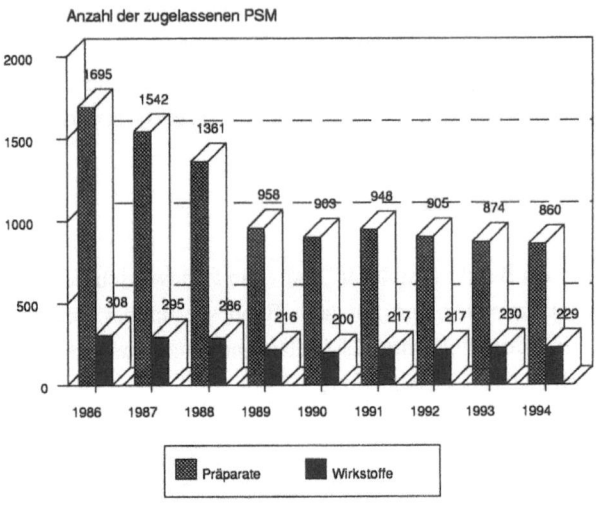

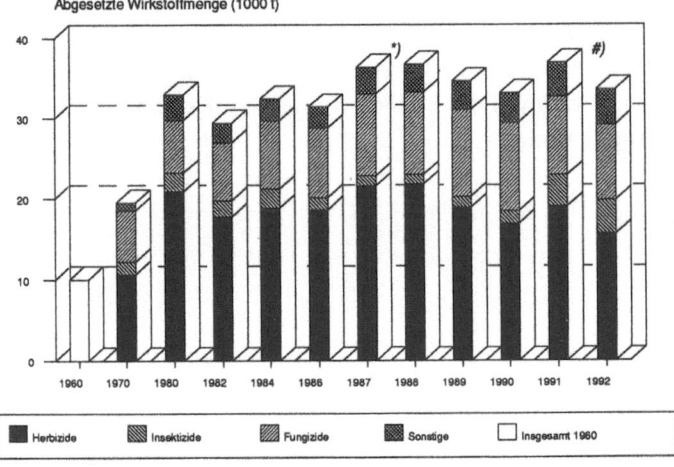

*) ab 1987 Meldung nach § 12 Pflanzenschutzgesetz
#) bis 1990 alte Bundesländer

Abb. 3-1. Anzahl der zugelassenen und Menge der abgesetzten Pflanzenschutzmittel und Wirkstoffe in Deutschland (alte Bundesländer). (Nach Holzmann, 1993)

Insgesamt werden in Deutschland jährlich mehr als 30.000 Tonnen Pflanzenschutzmittel (gemessen als Aktivsubstanz) ausgebracht, davon ca. 80 % in der Land- und Forstwirtschaft sowie im Gartenbau und die restlichen 20 % in der Haushaltshygiene und auf Nichtkulturland (z. B. Verkehrsflächen). Man kann davon ausgehen, daß mit geringen jährlichen Schwankungen etwa 2/3 der Wirkstoffmengen zur chemischen Unkrautbekämpfung verwendet werden. Dabei besteht die ökologische und ökonomische Notwendigkeit der Minimierung der Pflanzenschutzmittelanwendung, um einen schonenden Umgang mit dem Naturhaushalt zu erreichen und keine schädlichen Auswirkungen auf das Grundwasser und die Gesundheit von Mensch und Tier zu verursachen. Dies kommt im Gesetz zum Schutz der Kulturpflanzen (Pflanzenschutzgesetz) deutlich zum Ausdruck.

Der Einsatz von Pflanzenschutzmitteln hatte in der ehemaligen DDR in der Landwirtschafts- und Ernährungspolitik einen hohen Stellenwert. Dies sollte u. a. die Eigenversorgung der Bevölkerung sichern und die Überlegenheit der sozialistischen Landwirtschaft aufzeigen. Im Zuge der politischen Abgrenzung entwickelte sich in der DDR eine spezifische Situation im Bereich der Forschung, Zulassung und Anwendung von Pflanzenschutzmitteln (Beitz et al., 1991). Durch den überzogenen Einsatz und den teilweise leichtfertigen Umgang mit PSM kam es zu Auswirkungen auf landwirtschaftliche Nutztiere und den Naturhaushalt. Die Prüf- und Zulassungspflicht für Pflanzenschutzmittel wurde in der ehemaligen DDR ab 1953 durch das Gesetz zum Schutze der Kultur- und Nutzpflanzen (GBl. I DDR, Nr. 125, S. 1179, vom 25. November 1953) und die Neunte Durchführungsbestimmung (GBl. I DDR, Nr. 101, S. 843, vom 15. November 1955) geregelt (Beitz et al., 1991). In der Pflanzenschutzverordnung (GBl. I DDR, Nr. 28, S. 309, vom 10. August 1978) wurde festgelegt, daß Pflanzenschutzmittel nur nach staatlicher Prüfung und Zulassung zur Anwendung vertrieben und eingesetzt werden dürfen. Somit bestand eine Indikationszulassung. Für die Prüfung und Zulassung war die Biologische Zentralanstalt Berlin (BZA) der DDR in Kleinmachnow bzw. das Institut für Pflanzenschutzforschung (seit 1990) zuständig. Zu ihren Aufgaben gehörte u. a. die Beurteilung des Verbleibs der PSM sowie die Auswirkungen auf Mensch, Tier und Naturhaushalt. Im Zulassungsverfahren hatten die Auswirkungen auf den Naturhaushalt nicht den gleichen Stellenwert wie die Wirksamkeit oder die Rückstandssituation auf Ernteprodukten. Die Zulassung von PSM erfolgte in der DDR in der Regel unbefristet. Die Beendigung einer Zulassung konnte auf Antrag des Herstellers und nach Zustimmung des Zulassungsausschusses sowie aufgrund neuer

Toxizitätsdaten erfolgen. Aufgrund ihrer Toxizität oder ihres nachteiligen Einflusses auf den Naturhaushalt wurden in der DDR nach 1970 einzelne Wirkstoffe teilweise oder vollständig für einige Anwendungsbereiche zurückgezogen oder verboten. Dazu gehörten z. B. die Wirkstoffe DDT, 2,4,5-T und Chlordimeform.

Insgesamt ist von 1951 bis 1989 die Anzahl der zugelassenen Präparate und Wirkstoffe ständig angestiegen. So waren 1951 114 Präparate mit 34 Wirkstoffen zugelassen; 1989 waren es 453 Präparate mit 256 Wirkstoffen. Qualitative Veränderungen der Wirkstoffgruppen sind bei Schmidt et al. (1990) beschrieben. Quantitativ spielten unter den Wirkstoffgruppen die Herbizide die größte Rolle. Insgesamt wurden 1988 in der DDR 46.470 Tonnen Wirkstoff produziert und 16.423 innerhalb der DDR ausgeliefert (Beitz et al., 1991).

Bei den Herbiziden spielten bezogen auf die ausgelieferte Menge die chlorierten Aldehyde (z. B. Chloralhydrat) und die Chlorate die größte Rolle. Phenoxyverbindungen (z. B. MCPA, 2,4-D, Dichlorprop und Mecoprop) wurden in großem Umfang zur Unkrautbekämpfung im Getreide eingesetzt. In Mais, Obstanlagen und im Gebiet der Staatsgrenze kamen im wesentlichen die Triazine Atrazin und Simazin zum Einsatz.

Nach der Wiedervereinigung gilt nach der Festlegung im Einigungsvertrag für die gesamte Bundesrepublik Deutschland das Pflanzenschutzgesetz sowie die Pflanzenschutz-Anwendungsverordnung. Damit gelten die bisherigen Westzulassungen auch für die fünf neuen Bundesländer. Darüber hinaus sind dort auch noch bis zum 31. Dezember 1994 die ehemaligen Ostzulassungen (DDR-Zulassungen) gültig, sofern sie im Pflanzenschutzmittelverzeichnis (spezieller Teil für das Beitrittsgebiet lt. Artikel 3 des Einigungsvertrages) aufgeführt sind (BBA, 1993). Die Anwendung der in diesem Verzeichnis aufgeführten PSM ist, sofern es sich um PSM handelt, die vor dem 3. Oktober 1990 nach dem Recht der ehemaligen DDR zugelassen, verpackt und gekennzeichnet worden sind, im Beitrittsgebiet erlaubt, jedoch nur bis zum 31. Dezember 1994. Die Ostzulassungen sind, wenn sie nicht identisch sind, nicht auf die alten Bundesländer übertragbar.

Die Einstufung der im Beitrittsgebiet zugelassenen Pflanzenschutzmittel hinsichtlich des Grundwasserschutzes ist bei Binner et al. (1992) beschrieben. Für Mittel, für die im Rahmen aktueller Zulassungen in den alten Bundesländern eine Wasserschutzgebietsauflage sowie eine entsprechende Anwendungsbestimmung gemäß § 15 Abs. 3 Nr. 2 Pflanzenschutzgesetz erteilt wurde, können die zuständigen Behörden im Beitrittsgebiet gemäß Pflanzenschutzgesetz anweisen, bei den analogen, im Beitrittsgebiet zugelassenen Mitteln so zu verfahren, als ob sie diese Auflage hätten.

3.4 Gesetzliche Bestimmungen

Beim Umgang mit Pflanzenschutzmitteln sind gesetzliche Bestimmungen einzuhalten. Der Einsatz chemischer Pflanzenschutzmittel ist in verschiedenen Rechtsbereichen geregelt, die in der folgenden Übersicht (Abbildung 3-2) geordnet nach ihrem Schutzzweck dargestellt sind.

3.4.1 Pflanzenschutzgesetz

Das Pflanzenschutzgesetz dient dem Zweck (§1),

- Pflanzen, insbesondere Kulturpflanzen, vor Schadorganismen und nichtparasitären Beeinträchtigungen zu schützen,
- Pflanzenerzeugnisse vor Schadorganismen zu schützen,
- Gefahren abzuwenden, die durch die Anwendung von Pflanzenschutzmitteln oder durch andere Maßnahmen des Pflanzenschutzes, insbesondere für die Gesundheit von Mensch und Tier und für den Naturhaushalt, entstehen können.

3.4.2 Wasserhaushaltsgesetz

Wasser ist unser wichtigstes Lebensmittel, das es in besonderem Maße zu schützen gilt. Gemäß Wasserhaushaltsgesetz (WHG) können daher in solchen Gebieten, in denen Grund- und Oberflächengewässer zum Zwecke der Trinkwasserverwendung gefördert werden, sogenannte Wasserschutzgebiete festgesetzt werden. Hierbei soll insbesondere der Eintrag von Pflanzenschutzmitteln in offene Gewässer, die zur Trinkwassergewinnung herangezogen werden, sowie in Grundwasser für Trinkwasserzwecke verhindert werden. Bei den zuständigen Wasserbehörden hat sich jeder über die Ausweisung von Wasserschutzgebieten zu informieren. Für jedes Wasserschutzgebiet ist dort eine Rechtsvorschrift hinterlegt, in der Verbote festgelegt werden, die in dem betreffenden Wasserschutzgebiet gelten.

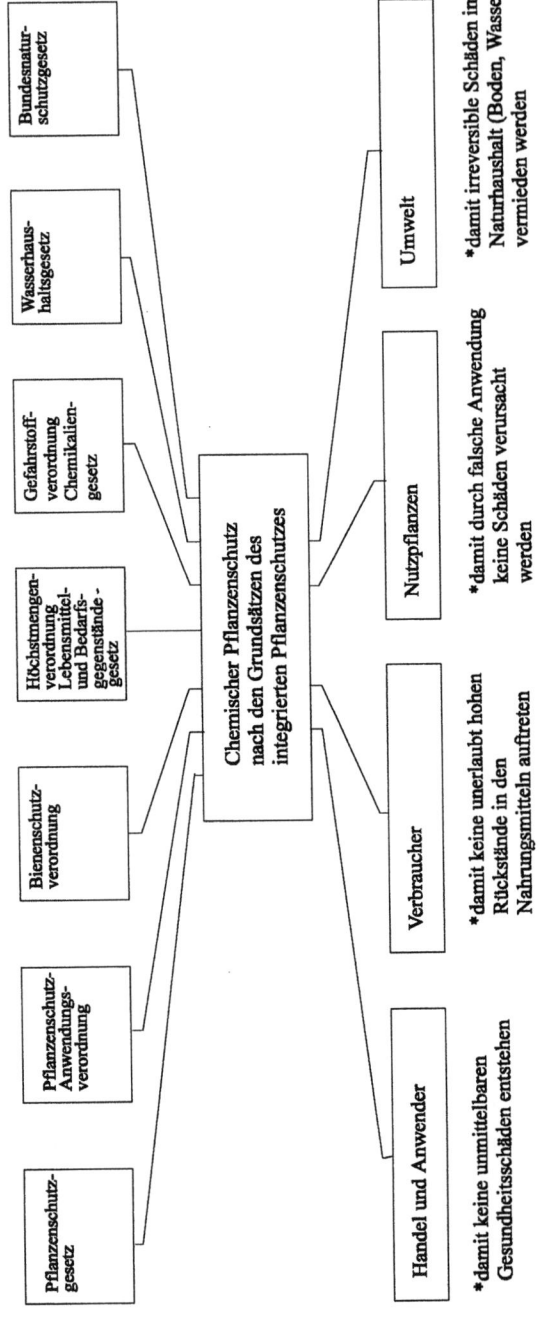

Abb. 3-2. Wichtige Gesetze beim Einsatz von Pflanzenschutzmitteln

über die Ausweisung von Wasserschutzgebieten zu informieren. Für jedes Wasserschutzgebiet ist dort eine Rechtsvorschrift hinterlegt, in der Verbote festgelegt werden, die in dem betreffenden Wasserschutzgebiet gelten.

Über die Wasserschutzgebietsauflage eines Präparates kann man sich in der Gebrauchsanleitung, beim Hersteller, im Pflanzenschutzmittelverzeichnis der Biologischen Bundesanstalt für Land- und Forstwirtschaft oder beim Pflanzenschutzdienst der Länder informieren.

Nach dem WHG gilt: Die Erlaubnis zum Einleiten von Stoffen darf nur erteilt werden, wenn eine schädliche Verunreinigung des Grundwassers nicht zu besorgen ist (Besorgungsprinzip), wobei es juristisch umstritten ist, ob sachgerechte und bestimmungsgemäße Anwendung von Pflanzenschutzmitteln ein "Einleiten" darstellt.

3.4.3 Trinkwasserverordnung

In der Anlage 2 der Trinkwasserverordnung (TrinkwV) vom 22.05.1986 (Trinkwasserverordnung, 1986) sind Grenzwerte für chemische Stoffe zur Pflanzenbehandlung und Schädlingsbekämpfung einschließlich toxischer Hauptabbauprodukte (Metaboliten) aufgeführt. In der Übersicht ist eine Auswahl der in der Trinkwasserverordnung festgelegten Grenzwerte zusammengestellt.

Die Grenzwerte für Pflanzenschutzmittel sind umstritten, da einerseits - im Gegensatz zur Höchstmengenverordnung - kein toxikologisch begründeter Wert zugrunde gelegt wurde, andererseits aber aufgeführt wird, daß eventuelle synergistische Wirkungen nicht abgeschätzt werden können. Es handelt sich um einen reinen Vorsorgewert. Die Weltgesundheitsbehörde (WHO) hat auf der Grundlage von toxikologischen Werten eine potentielle Gefährdung abgeschätzt, die in nachfolgender Tabelle 3-1 in einer Auswahl von Wirkstoffen aufgeführt und den Pauschalwerten der EU gegenübergestellt sind. Für die Wasserversorgung sind die Werte jedoch bindend und haben damit praktisch Gesetzescharakter.

Tabelle 3-1. Vergleich der WHO-"Guideline values" für in Deutschland zugelassene Pflanzenschutzmittel mit dem EU-Grenzwert. (Aus WHO, 1993)

Pflanzenschutzmittel	Richtwert WHO [mg/l]	EU-Grenzwert und Grenzwert der TrinkwV [mg/l]	Verhältnis WHO / EU
Alachlor	0,02	0,0001	20
Atrazin	0,002	0,0001	20
Bentazon	0,03	0,0001	300
2,4-D	0,03	0,0001	300
Lindan	0,002	0,0001	20
MCPA	0,002	0,0001	20
Mecoprop	0,01	0,001	100
Methoxychlor	0,02	0,0001	200
Metolachlor	0,01	0,0001	100
Pendimethalin	0,02	0,0001	200
Propanil	0,02	0,0001	200
Pyridate	0,1	0,0001	1000
Simazin	0,002	0,0001	20
Trifluralin	0,02	0,0001	200
Chloridazon	0,17*	0,0001	1700

*) Die WHO hat für diese Wirkstoffe noch keine "guideline values" festgesetzt. Sie wurden nach dem WHO-Modell auf der Basis der vorliegenden Daten abgeleitet

3.4.4 Pflanzenschutz-Anwendungsverordnung

In der Pflanzenschutz-Anwendungsverordnung (1988 und 1993) sind alle Stoffe ausgewiesen, deren Anwendung als Pflanzenschutzmittel verboten ist (vollständiges Anwendungsverbot), die auf ausdrücklich angegebene Bereiche beschränkt sind (eingeschränktes Anwendungsverbot) oder auf ausdrücklich angegebenen Bereichen nicht erlaubt sind (Anwendungsbeschränkungen: z. B. Wasserschutzgebiete).

3.4.5 Pflanzenschutz-Sachkundeverordnung

Wer Pflanzenschutzmittel in einem Betrieb der Landwirtschaft, des Gartenbaus oder der Forstwirtschaft anwendet, Pflanzenschutzmittel für andere anwendet oder im Einzelhandel verkauft, muß zuverlässig und sachkundig sein. Die fachlichen Kenntnisse und - bei Anwendern - auch Fertigkeiten sind der zuständigen Behörde auf Verlangen nachzuweisen (Pflanzenschutz-Sachkundeverordnung, 1987).

3.5 Zulassung von Pflanzenschutzmitteln

Die Biologische Bundesanstalt für Land- und Forstwirtschaft (BBA) und die Einvernehmensbehörden Bundesgesundheitsamt und Umweltbundesamt sind bei der Zulassung von Pflanzenschutzmitteln strikt an die gesetzlichen Grundlagen gebunden. Alle Entscheidungen müssen justitiabel sein und vor Gericht Bestand haben.

Alle PSM unterliegen im Zulassungsverfahren (Abteilung für Pflanzenschutzmittel und Anwendungstechnik, 1992) einer Prüfung ihres Verhaltens im Boden in bezug auf Abbau, Metabolismus und Einwaschung (Schinkel et al., 1986; Abteilung für Pflanzenschutzmittel und Anwendungstechnik, 1986).

Zur Beurteilung des Verhaltens und Verbleibs von Pflanzenschutzmitteln werden folgende Unterlagen in die Bewertung einbezogen:

Physikalisch-chemische Eigenschaften:

- Wasserlöslichkeit,
- Hydrolyse,
- Sorption,
- Dampfdruck,
- Lichtstabilität,
- Oktanol/Wasser-Verteilungskoeffizient (Nahrungskette).

Diese Parameter ermöglichen eine erste Abschätzung des Umweltverhaltens. Ferner werden sie in Computermodellen (PRZM / PELMO) verwendet, um die Verlagerung der PSM im Boden und ihren Verbleib in der Umwelt zu simulieren.

Abbauverhalten/Metabolismus im Boden

Die Versuche werden gemäß Richtlinie IV, 4-1 der BBA (Schinkel et al., 1986) durchgeführt:

Stufe 1: Grunddaten aus Laborversuchen

Im Rahmen der Untersuchungen zur Abbaugeschwindigkeit sind der DT_{50}-Wert (DT = disappearance time = Verlustrate in %, DT_{50} = 50%iger Verlust bzw. Abbau) und der DT_{90}-Wert (90%iger Verlust bzw. Abbau) in einem Standardboden sowie in 3 feldfrischen Böden im Labor zu ermitteln; dazu kommen entsprechende Metabolismusuntersuchungen.

Stufe 2: Freilandversuche

Wird in der ersten Stufe in einem der Versuchsböden ein DT_{90}-Wert von über 100 Tagen ermittelt, müssen Freilandversuche an 4 verschiedenen Versuchsorten angelegt werden.

Stufe 3: Zusatzversuche

Versuche zur Akkumulation werden durchgeführt, wenn Ergebnisse gemäß Stufe 2 das erfordern.

Versickerungsverhalten

Die Versuche werden gemäß Richtlinie IV, 4-2 der BBA (Abteilung für Pflanzenschutzmittel und Anwendungstechnik, 1986) durchgeführt. Zunächst sind Grunddaten im Labor zu erarbeiten, d. h., es werden Versickerungsversuche mit verschiedenen Böden durchgeführt. Es handelt sich um ausreichend reproduzierbare Screening-Tests, die in hohem Maße eine Worst-case-Situation wiedergeben (geschüttete Böden, mindestens ein Extremboden, Simulation extremer Niederschläge von 200 mm in 2 Tagen). Ziel der Untersuchungen ist es nicht, die Ergebnisse direkt auf Feldbedingungen zu übertragen, sondern vielmehr, eine relative Abschätzung und Beurteilung des Einwaschungsverhaltens vorzunehmen.

Sofern aufgrund der Untersuchungen nach Stufe 1 und Stufe 2 Metaboliten auftreten, die zum Transport im Sickerwasser neigen können, sind sog. "Versickerungsversuche nach Alterung" durchzuführen, um auch die Versickerungsneigung dieser Abbauprodukte zu erfassen.

Rechenmodelle

Aufgrund computergestützter Modellrechnungen (PRZM / PELMO) kann unter Berücksichtigung der physikalisch-chemischen Eigenschaften wie Wasserlöslichkeit, Dampfdruck, Schmelzpunkt, Oktanol/Wasser-Verteilungskoeffizient, Adsorptionskonstante und Halbwertszeit sowie von Bodendaten und klimatischen Faktoren (Niederschläge, Temperaturen) die Verlagerungstendenz von Wirkstoffen und gegebenenfalls auch von Abbauprodukten im Boden abgeschätzt werden.

Halbfreilandversuche (Lysimeterstudien)

Lassen die Unterlagen zu Stufe 1, 2 und 3 ein Gefährdungspotential für das Grundwasser erkennen, müssen zur Verifizierung der Befunde Lysimeterstudien unter Verwendung radioaktiv markierter Wirkstoffe unter Freilandbedingungen (mindestens über einen Zeitraum von 2 Jahren) angelegt werden (Führt et al., 1990).

Unzulänglichkeiten des Untersuchungsumfangs

Die Kenntnisse über das Verhalten der Wirkstoffe im Untergrund (Bereich unterhalb der Wurzelzone und im Grundwasserleiter) sind zur Zeit noch lückenhaft. Auch die Berücksichtigung lokal auftretender Besonderheiten im Bodenprofil, wie z. B. Wurm- und Wurzelgänge sowie Schrumpfrisse, ist bei der Bewertung der Versuchsergebnisse vorerst kaum möglich. Gerade diese Besonderheiten können aber auch Ursache für die Infiltration von PSM in das Grundwasser sein (Aderhold und Nordmeyer, 1993).

Bewertung der vorgelegten Untersuchungsergebnisse

Für die Einschätzung der Bodenbelastung sind folgende Werte vorgesehen:

- Restmenge des Wirkstoffes bzw. der Abbauprodukte vor nächster Anwendungsperiode,
- Bildung von nicht extrahierbaren Rückständen ("bound residues"),
- Aufwandmenge, Zahl der Anwendungen, Anwendungszeitpunkt.

Für die Einschätzung der Verlagerungstendenz werden folgende Werte als kritisch angesehen (Abteilung für Pflanzenschutzmittel und Anwendungstechnik, 1992):

- DT_{50}-Wert im Boden > 20 Tage
- K_{OC}-Wert (Sorption) < 500
- DT_{90} - Wert > 100 Tage

Ziele und Maßnahmen, die mit der Zulassung hinsichtlich des Verhaltens im Boden und Wasser verfolgt werden:

Das Ziel muß sein, ab 1. Oktober 1989 den Grenzwert der Trinkwasserverordnung einzuhalten. Hierzu wird im Rahmen der Zulassung (Abteilung für Pflanzenschutzmittel und Anwendungstechnik, 1992) folgendermaßen vorgegangen:

- Zulassung eines Mittels ohne Auflagen, wenn die Daten gemäß gesetzlicher Grundlagen und Prüfung eine Grundwasserbelastung unwahrscheinlich erscheinen lassen.
- Verweigerung der Zulassung, wenn die Daten gemäß den Prüfungsunterlagen eine Grundwasserbelastung über 0,1 µg/l wahrscheinlich machen.

Unzulänglichkeiten bezüglich des Wasserschutzes ergeben sich aus folgenden Gründen:

Etwa 45 % der Trinkwassergewinnungsareale sind nicht amtlich als Trinkwassereinzugsgebiete ausgewiesen, d. h. juristisch nicht hinreichend bestimmt. Für diese Gebiete ist die Pflanzenschutz-Anwendungsverordung nicht gültig und eine Wasserschutzgebietsauflage daher nur ein Hinweis. Die Anwendung der betroffenen

Mittel in diesen Gebieten kann deshalb nicht mit hinreichendem Druck (Strafandrohung) unterbunden werden.

Die Grenzen der Trinkwassereinzugsgebiete sind häufig nicht hinreichend bekannt. Auch bei ausgewiesenen Wasserschutzgebieten decken sich die Grenzen des Schutzgebietes häufig nicht mit den Grenzen des Einzugsgebietes. Daher können aus Unkenntnis immer wieder "illegale" Anwendungen von Wirkstoffen vorkommen, die zu einer Trinkwasserbelastung führen.

Auch bei Mitteln ohne Wasserschutzgebietsauflage ist ein Eindringen in das Grund- und damit auch das Trinkwasser (z. B. über Makroporen) nicht ausgeschlossen, so daß der außerordentlich niedrige Grenzwert der Trinkwasserverordnung überschritten werden kann.

Es herrscht Unklarheit darüber, inwieweit die Gesetze und Verordnungen außerhalb des Pflanzenschutzgesetzes - insbesondere das Wasserhaushaltsgesetz (WHG) und die Trinkwasserverordnung (TrinkwV) - bei der Zulassung beachtet werden müssen. Es ist unklar, was unter der "schädlichen" Auswirkung auf das Grundwasser gem. § 15 Pflanzenschutzgesetz zu verstehen ist, ob hier z. B. auch der Grenzwert der TrinkwV bzw. jeglicher Befund gilt. Sofern die TrinkwV im Zulassungsverfahren zu berücksichtigen ist, stellt sich die Frage, ob bereits "Einzelbefunde" ausreichen, um Konsequenzen für die Zulassung zu ziehen. Laut Urteil des Verwaltungsgerichts Braunschweig vom 14.11.1990 (Akt.-Zeichen 6 A 6009/90) besteht dann eine unzulässige Auswirkung, wenn durch die bestimmungsgemäße und sachgerechte Anwendung 0,1 µg/l erreicht oder überschritten werden.

<u>Konsequenzen und mögliche Alternativen</u>

Die Forderung, neben den Mitteln mit einer Wasserschutzgebietsauflage auch alle Mittel zu verbieten, deren Wirkstoffe schon im Grund- bzw. Trinkwasser gefunden wurden, ist juristisch gesehen als ein Übermaß zu betrachten, weil dadurch die Zulassung jeglicher Pflanzenschutzmittel in Frage gestellt werden kann. Alternativen ergeben sich aus folgenden Maßnahmen:

a) Bei der Zulassung

- Keine erneute Zulassung für Mittel mit Wasserschutzgebietsauflage,
- Überprüfung der Untersuchungsmethodik zum Abbau- und Versickerungsverhalten,
- Vorgaben für neue Bewertungskriterien sind von der BBA erarbeitet worden (Abteilung für Pflanzenschutzmittel und Anwendungstechnik, 1992).

b) Beim Vollzug der Trinkwasserverordnung

- Ausnahmeregelungen gemäß § 4,
- Diskussion toxikologisch begründeter Grenzwerte. Neben den mit der Zulassung erteilten Auflagen und den Bestimmungen der Anwendungsverordnung sind eine Reihe von Maßnahmen zum Schutz des Trink- und Grundwassers notwendig, die die Beteiligung verschiedener Stellen und Institutionen erfordern.

Hier sind zu nennen:

- die Pflanzenschutzmittelhersteller, die zur Entwicklung schnell abbaubarer Wirkstoffe aufgerufen sind;
- die Wasserbehörden müssen in verstärktem Ausmaß die Ausweisung von Wasserschutzgebieten und die Erfassung wasserwirtschaftlich sensibler Bereiche vorantreiben;
- die Wasserwerke können durch Verbesserung der Förder- und Reinigungsverfahren (Filter) als zeitlich begrenzte Möglichkeit zur Einhaltung des Grenzwertes der Trinkwasserverordnung beitragen.

Außerdem sind bei eventuellen Befunden eine hinreichende Absicherung der Analysenergebnisse und eine Ursachenforschung notwendig. Möglicherweise kann es sinnvoll sein, das ökologische Anforderungsprofil für PSM auf breiterer Basis zu definieren, um mit der Zulassung das Risiko von Umweltbelastungen zu verringern.

EU-Binnenmarkt

Welche Auswirkungen der europäische EU-Binnenmarkt (ab 1.1.1993) auf die allgemeine Zulassungssituation von PSM hat, ist im Moment noch nicht im einzelnen absehbar. Es wird zur Zeit ein Konzept der EU-Kommission für ein harmonisiertes Zulassungsverfahren für Pflanzenschutzmittel erarbeitet. Es wird voraussichtlich Übergangsregelungen von 5 bis 10 Jahren geben, wobei der Grundsatz der Harmonisierung die gegenseitige Anerkennung der einzelstaatlichen Zulassung entsprechend der Richtlinie - bei vergleichbaren Bedingungen in bezug auf Landwirtschaft, Pflanzenschutz und Umwelt - ist. Kriterium für die Zulassung soll beispielsweise sein, daß unannehmbare nachteilige Auswirkungen auf die Umwelt und schädliche Auswirkungen auf die Gesundheit von Mensch und Tier vermieden werden sollen (EWG, 1991).

4 Pflanzenschutzmittel in der Umwelt

4.1 Aufwandmengen

Tabelle 4-1 zeigt typische Aufwandmengen für einige ausgewählte Pflanzenschutzmittel (Herbizide) sowie Anwendungsgebiete und Auflagen (BBA, 1994).

Tabelle 4-1. Häufig in der Landwirtschaft eingesetzte Pflanzenschutzmittel

Präparat	Wirkstoff	Typische Aufwandmengen [kg/ha]	Ausgewählte Kulturen	Ausgewählte Auflagen
Basagran	Bentazon	0,96	Getreide/ Kartoffel	NG 237 NW 600
Buctril	Bromoxynil	0,45	Getreide	230
U 46 D-Fluid	2,4-D	1,00	Getreide	NW 600
Duplosan DP	Dichlorprop-P	1,50	Getreide	NW 600
Starane 180	Fluoroxypyr	0,36	Getreide	NW 600
Basta	Glufosinat	0,92	Mais	NW 600
Arelon fl.	Isoproturon	1,50	Getreide	NW 600
Duplosan KV	Mecoprop-P	1,20	Getreide	NW 600
Tribunil	Methabenz-thiazuron	2,80	Getreide	NW 600
Gropper	Metsulfuron	0,04	Getreide	
Stomp SC	Pendimethalin	1,60	Getreide, Mais	NW 600
Elancolan	Trifluralin	1,20	Raps	NW 600
Pyramin WG	Chloridazon	2,60	Zuckerrübe	NW 600
Tramat 500	Ethofumesat	1,25	Zuckerrübe	NW 600
Goltix WG	Metamitron	3,5	Zuckerrübe	NW 600
Butisan S	Metazachlor	1,0	Raps	NW 600
Betanal Plus	Phenmedipham	0,96	Zuckerrübe	NW 600

Dabei haben die Auflagen folgende Bedeutung:

NG 237 (früher W1) : Keine Anwendung in Zuflußbereichen (Einzugsgebieten) von Grund- und Quellwassergewinnungsanlagen, Heilquellen und Trinkwassertalsperren sowie sonstigen grundwasserempfindlichen Bereichen.

230 : Keine Anwendung auf stärker geneigten Flächen, von denen eindeutig die Gefahr einer Abschwemmung in Gewässer - insbesondere durch Regen oder Bewässerung - gegeben ist. In jedem Fall ist eine Anwendung in unmittelbarer Nähe von Gewässern (5 bis 10 m) auszuschließen.

NW 600 : Keine Anwendung auf Flächen, von denen die Gefahr einer Abschwemmung in Gewässer - insbesondere durch Regen oder Bewässerung - gegeben ist. In jedem Fall sind Mindestabstände zu Oberflächengewässern bei der Anwendung einzuhalten.

4.2 Spritzfolge

Da im Pflanzenschutz selten Einzelwirkstoffe angewendet werden, stellt sich die Frage, inwieweit Kombinationseffekte bei der Anwendung eines Pflanzenschutzsystems auftreten (Kombinationspräparate, Tankmischungen, Spritzfolgen). Es wird immer wieder vermutet, daß Abbau- und Sorptionsvorgänge negativ beeinflußt werden. Ergebnisse von Hurle et al. (1986) zeigten, daß unter Feldbedingungen der Abbau und die Verlagerung der Herbizide Chlortoluron und Mecoprop im Boden weder durch mehrjährige Anwendung auf derselben Fläche noch durch andere eingesetzte PSM beeinflußt wurde. Maas et al. (1986) untersuchten unter Feldbedingungen den Abbau von Chlortoluron (Präparat : Dicuran) bei alleiniger Anwendung im Vergleich zu einer Spritzfolge (Chlortoluron + verschiedene Fungizide und Insektizide). Es konnte kein Einfluß der Spritzfolgen auf die Abbaugeschwindigkeit von Chlortoluron festgestellt werden. Zu ähnlichen Ergebnissen kam auch Pestemer (1988). Tabelle 4-2 zeigt den Einfluß von Spritzfolgepräparaten auf die Verlustrate verschiedener Herbizide im Boden.

Tabelle 4-2. Einfluß von Spritzfolgepräparaten auf die Verlustrate verschiedener Herbizide im Boden unter Freilandbedingungen (aus Pestemer,1988) (WG= Wintergerste, WW= Winterweizen, ZR= Zuckerrübe; VA= Vorauflauf, NA= Nachauflauf)

Herbizid-Wirkstoff (Applikationszeit)	Kultur	Abnahme um 50% der Ausgangkonzentration im Durchschnitt der Versuchsjahre (Tage)	
		Herbizid allein	Herbizid+Spritzfolge
Chloridazon 1979-1981	ZR	34	36
Dinoseb 1979 - 1981	WG, WW	30	30
Methabenzthiazuron 1978 - 1980	WG, WW		
VA		295	295
NA		120	120
Chlortoluron 1978 - 1980	WG, WW	39	43

Die eigentliche Abbauphase geht in vielen Fällen in eine Phase des verlangsamten Abbaus über, wie es in Abb. 4-1a und 4-1b schematisch dargestellt ist, und führt oft zu einer Art statischen Phase, wo noch geringe Herbizidreste im Boden vorhanden sind, die jedoch mit den vorhandenen chemisch-physikalischen Nachweismethoden nur äußerst schwer festzustellen sind. Hier handelt es sich wahrscheinlich um Spuren, die an den Ton-Humus-Komplexen (organomineralische Verbindungen molekularer bis kolloidaler Größe) stärker adsorbiert werden, kaum desorbierbar und von daher langsamer abbaubar sind.

In welchem Umfang ein solcher Rückstand, der nach bisherigen Kenntnissen biologisch inaktiv ist, ein Schadstoffpotential für das Grundwasser darstellt, ist noch ungeklärt.

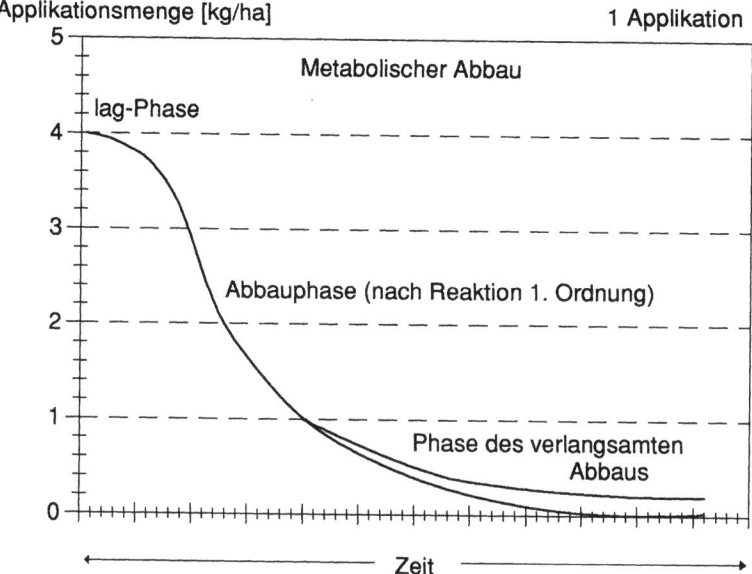

Abb. 4-1a. Metabolischer Abbau (Prinzipskizze)

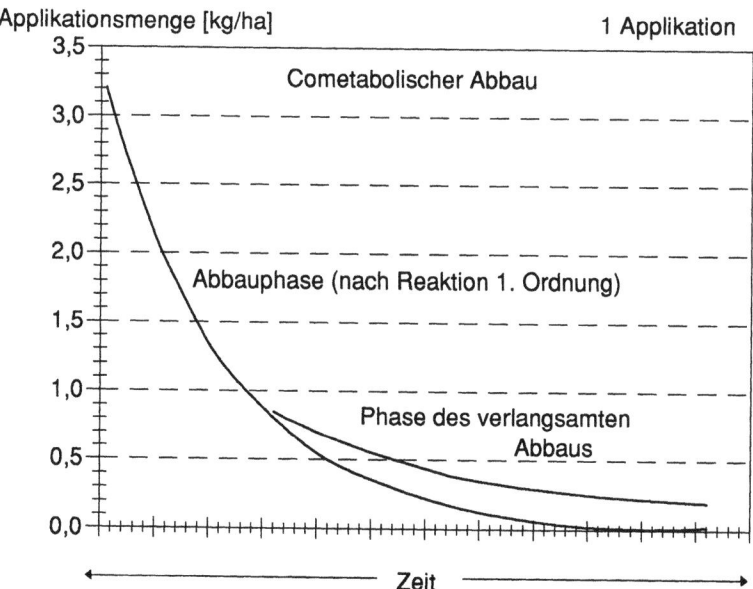

Abb. 4-1b. Cometabolischer Abbau (Prinzipskizze)

Unter Praxisbedingungen kann es nach mehreren aufeinanderfolgenden Applikationen des gleichen Wirkstoffs zu einem beschleunigten Abbau (enhanced degradation) im Boden kommen. Dies kann u. a. auf die Adaption der Bodenmikroorganismen an dieses Substrat zurückgeführt werden.

4.3 Wiederholte Anwendungen

Bei wiederholten Anwendungen können PSM, die nur sehr langsam im Boden abgebaut werden, möglicherweise akkumulieren und/oder phytotoxische Auswirkungen auf nachgebaute Kulturen in eng gestellten Fruchtfolgen haben.

Eine Akkumulation im Boden tritt nur dann ein, wenn die Applikationsabstände kürzer sind als die Zeit, die notwendig ist, die zugeführte Menge abzubauen.

Auch Verbindungen, die als sehr persistent bezeichnet werden (z. B. mit Halbwertszeiten von > 6 Monaten), können im Boden nur dann akkumulieren, wenn zwischen zwei Anwendungen weniger als 50 % abgebaut werden. Im anderen Fall stellt sich im Boden nach langjährigen periodischen Applikationen ein bestimmter Rückstandspegel ein. Die maximalen Rückstandsgehalte (R_{max}), die nach langjähriger Applikation erreicht werden und dann ein bestimmtes Niveau nicht mehr überschreiten, lassen sich für einen Wirkstoff, der nach einer Reaktion 1. Ordnung abgebaut wird, mathematisch nach folgender Formel ableiten:

$$R_{max} = C_0 \cdot \frac{C_0}{C_0 - R_1} \quad [g/ha] \tag{4-1}$$

Dabei bedeutet R_1 den Rückstand ein Jahr nach der Applikation und C_0 die jährlich ausgebrachte Menge eines Pflanzenschutzmittels. Abbildung 4-2 zeigt die Rückstandsgehalte im Boden nach periodischer Applikation.

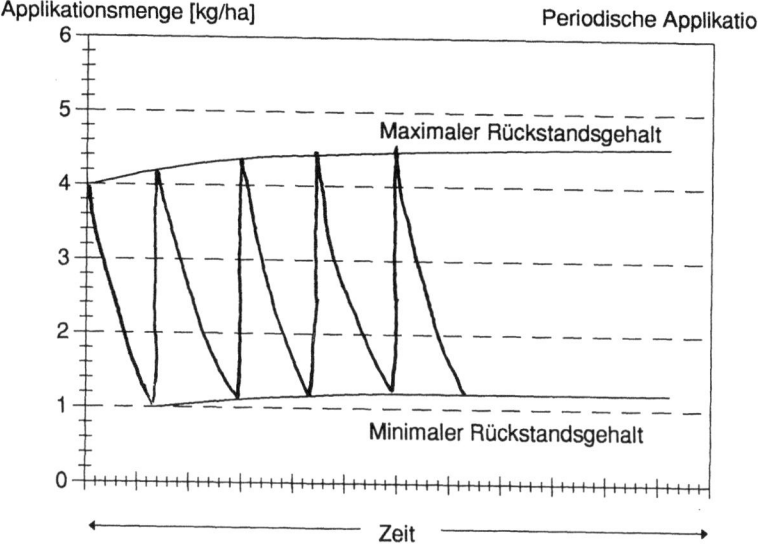

Abb. 4-2. Rückstandsgehalte im Boden nach periodischer Applikation (Prinzipskizze)

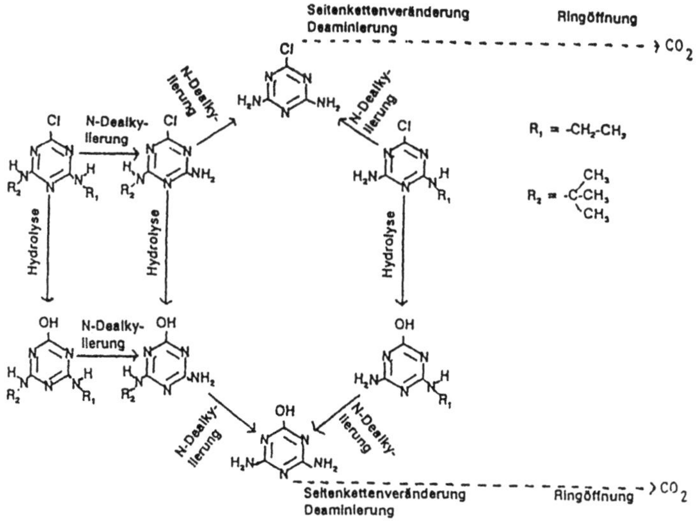

Abb. 4-3. Hauptabbauwege der Wirkstoffe Atrazin, Simazin, Terbuthylazin im Boden. (Aus Häfner, 1989)

Beim Abbau von PSM im Boden entstehen Metaboliten. Beim Atrazin sind dies als Hauptmetaboliten Hydroxyatrazin oder Desethylatrazin. Diese Abbauprodukte werden dann weiter zu anorganischen Stoffen metabolisiert. Abbildung 4-3 zeigt die Hauptabbauwege der Wirkstoffe Atrazin, Simazin und Terbuthylazin (R_1 und R_2 stehen für die verschiedenen Seitenketten). Zunächst kommt es zu einer N-Dealkylierung oder Hydrolyse. In weiteren Schritten folgt dann eine Desaminierung bzw. Seitenkettenveränderung und schließlich die Ringöffnung.

Grundsätzlich gelten für Metaboliten die gleichen Kriterien wie für den Ausgangswirkstoff. Für ihr Verhalten im Boden sind neben den physikalisch-chemischen Stoffeigenschaften die Bodencharakteristika und die Klimabedingungen von Bedeutung. Metaboliten können eine höhere oder geringere Halbwertszeit bzw. Mobilität aufweisen als der Ausgangsstoff; so hat Hydroxyatrazin als ein Hauptmetabolit eine geringere Mobilität als Atrazin.

4.4 Bodenbearbeitung

Die Pflanzenschutzmittel, insbesondere Herbizide, gelangen bei ihrer Anwendung zu 50 - 100 % auf und in den Boden. Hier unterliegen sie vielfältigen Prozessen, die die Konzentration erheblich herabsetzen. Bei einigen Wirkstoffen mit mittlerer bis hoher Persistenz sind jedoch zum Vegetationsende vor erneuter Bodenbearbeitung noch Rückstände im Boden nachweisbar. Diese Rückstände befinden sich aufgrund von Adsorptionsvorgängen häufig in den obersten 10 cm der Ackerkrume. Durch tiefe Bearbeitung können PSM-Rückstände dann in den Bereich des Unterbodens gelangen. Infolge der im allgemeinen geringeren Adsorption und des verlangsamten Abbaus im Unterboden können diese Rückstände weiter versickern, und ein Eintrag in das Grundwasser ist dann nicht auszuschließen.

4.5 Fruchtfolge

Auf den landwirtschaftlichen Ackerflächen wird unter pflanzenbaulichen Aspekten eine Fruchtfolge durchgeführt. Je nach Standortverhältnissen sind typische Fruchtfolgegestaltungen anzutreffen. Während in der Vergangenheit weitgliedrige Fruchtfolgen (4 oder 5 Fruchtfolgeglieder) üblich waren, ist das Anbauverhältnis in den letzten Jahrzehnten aus ökonomischen Gründen stetig vereinfacht worden. So werden in manchen Gebieten nur noch Winterweizen und Zuckerrüben im Wechsel angebaut. In manchen Regionen sind auch Winterweizen oder Mais in Monokultur anzutreffen. Diese Entwicklung hat auch Einfluß auf die Anwendung von Pflanzenschutzmitteln. Durch die wiederholte Anwendung bestimmter Wirkstoffe erhöht sich das Risiko einer möglichen Versickerung im Bodenprofil und damit das Gefährdungspotential für das Grundwasser.

4.6 Aufnahme durch Pflanzen

Die Verfügbarkeit von Herbiziden im Boden für die Pflanzenaufnahme steht in enger Beziehung zum Verhalten der Wirkstoffe im Bodenprofil und hängt von einer Vielzahl von Faktoren wie Applikationsart, Klima, Boden und physikalisch-chemischen Eigenschaften des Wirkstoffs ab. Diese Faktoren beeinflussen sich gegenseitig in einem komplexen Wirkungsgefüge.

In Abhängigkeit von der Applikationsart kommen unterschiedliche Pflanzenteile mit dem Wirkstoff in Berührung. Bei einer Vorauflaufbehandlung gelangt der Wirkstoff zu 100 % auf den Boden und kann dort über Samen, die Keimpflanzen oder die Wurzel aufgenommen werden. Bei der Nachauflaufapplikation ist die Blattfläche der Pflanzen besonders exponiert und damit Hauptaufnahmeort. Aber auch die Aufnahme über Stengel und Wurzeln ist möglich. Bodenherbizide mit hohem Dampfdruck (z. B. Trifluralin) werden nach der Applikation eingearbeitet und können auf dem Weg der Gasdiffusion zur Pflanzenwurzel gelangen.

Es wird deutlich, daß die Pflanzenschutzmittelmenge, die in den Boden gelangt und somit potentiell pflanzenverfügbar und/oder austragsgefährdet ist, maßgeblich von der Art der Anwendung abhängt.

Der Hauptaufnahmeort der Pflanzen für im Boden befindliche PSM ist die Wurzel. Dorthin gelangt der Wirkstoff größtenteils mit dem Bodenwasser. Die Diffusion spielt als Transportmechanismus nur eine untergeordnete Rolle. Für die Aufnahme von Wirkstoffen sind demzufolge die Ausdehnung des Wurzelsystems (Wurzeloberfläche, Entfernung zum Wirkstoff u. a.) und die Transpirationsleistung (abhängig von Wasserdampfsättigungsdefizit, Windgeschwindigkeit u. a.) entscheidend. Pflanzen können so lange Wasser aus dem Boden aufnehmen, bis der permanente Welkepunkt (PWP) erreicht ist. Die nutzbare Feldkapazität liegt zwischen den Wasserspannungen bei freier Aussickerung (pF 1,8) und der Wasserspannung am permanenten Welkepunkt (pF 4,2). Nur der in diesem Wasseranteil gelöste Wirkstoff kann von der Pflanze aufgenommen werden. Die Wasserbindungskräfte im Boden hängen von der Korngrößenverteilung und dem Porenspektrum (abhängig von Bodenbearbeitung, Humusgehalt u. a.) ab. Die Wirkstoffkonzentration im Bodenwasser ist von Applikationsmenge, Bodenwassergehalt, Gehalt an organischer Substanz, Tongehalt, pH-Wert, mikrobieller Aktivität abhängig. Dabei stehen die einzelnen Quellen und Senken in einem dynamischen Gleichgewicht zueinander. Insbesondere der Gehalt an organischer Substanz bestimmt maßgeblich die Sorption von PSM an Bodenpartikeln. Die Bindung kann reversibel (Wirkstoff potentiell pflanzenverfügbar) oder irreversibel (Wirkstoff nicht mehr pflanzenverfügbar) sein. Zusätzlich bestimmen die Charakteristika des Wirkstoffs entscheidend sein Verhalten im Boden. Hier sind in erster Linie Wasserlöslichkeit, Verteilungskoeffizient zwischen fester und flüssiger Phase, Abbaubarkeit und Dampfdruck zu nennen.

4.7 Klima

Der Abbau und die Verlagerung von PSM im Bodenprofil werden entscheidend von klimatischen Einflüssen (Niederschlag, Verdunstung, Temperatur) beeinflußt.

4.7.1 Verdunstung und Verflüchtigung

Um den Verbleib von Pflanzenschutzmitteln und potentielle Umweltrisiken nach deren Anwendung abschätzen zu können, wie es im Pflanzenschutzgesetz verankert ist, müssen zur Erfassung der Pflanzenschutzmitteldynamik neben den Kompartimenten Boden, Wasser, Pflanze und Tier auch Aus- und Einträge in die Luft, beispielsweise durch Photolyse, direkte Abtrift, Volatilisation sowie feuchte und trockene Deposition, betrachtet werden (z. B. Nolting et al., 1990).

Bei der Applikation von Pflanzenschutzmitteln können Verluste durch direkte Abtrift auftreten. Daneben ist der Anteil, der auf die Boden- und Blattoberfläche gelangt, vielfältigen Umwelteinflüssen ausgesetzt. Es bildet sich eine große Grenzfläche zur Atmosphäre. Dadurch kann es unter dem Einfluß von Sonneneinstrahlung und Luftbewegung an der Phasengrenzfläche zur Verdunstung und zur Verdampfung von Pflanzenschutzmitteln bei Temperaturen unter dem Siedepunkt kommen. Die Verdunstungsrate eines Wirkstoffes wird wesentlich von seinem Dampfdruck und der Diffusionsrate durch die oberflächennahe Luftschicht bestimmt. Unter Freilandbedingungen wird die Verdunstungsrate außerdem vom Abtransport der Pflanzenschutzmittel über der Verdunstungsfläche abhängen.

Obwohl die Mehrzahl der zugelassenen Wirkstoffe aufgrund ihres relativ niedrigen Dampfdrucks zu den schwerflüchtigen Verbindungen gehört, treten unter spezifischen Freilandbedingungen durch Transfer in die bodennahe Atmosphäre postapplikative Verluste auf, so daß die Verflüchtigung von Blatt- und Bodenoberflächen im Vergleich zu anderen Verlustquellen (z. B. Einwaschung) als Pfad für die Verteilung in der Umwelt von Bedeutung sein kann (Maas und Krasel, 1988; Oberwalder, 1993).

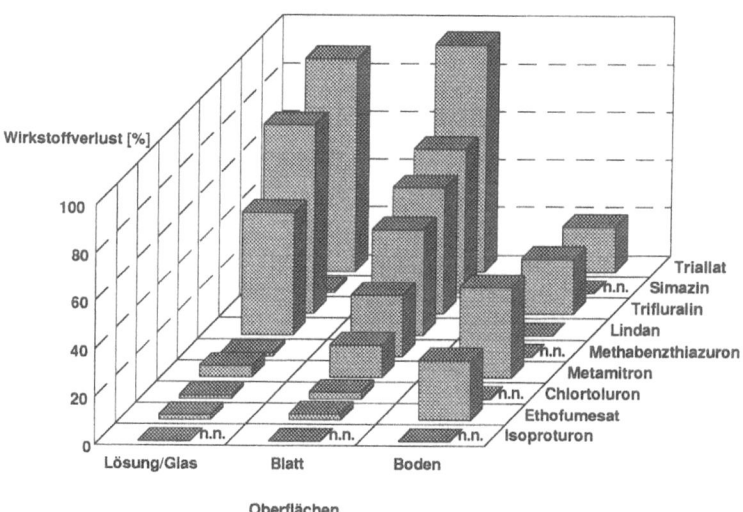

Abb. 4-4. Relative Verflüchtigung verschiedener Pflanzenschutzmittel von Oberflächen (Laborversuch; 20 °C, 6 Stunden nach Applikation). (Aus Krasel und Pestemer, 1993)

Sehr vielschichtig sind die Verhältnisse bei einer Verflüchtigung von Bodenoberflächen. Neben der H-Konstante sind im Kompartiment Boden besonders Ad- und Desorptionsvorgänge, Verfügbarkeit in der Bodenlösung und Transport durch Diffusion und im Verdunstungsstrom des Wassers zu berücksichtigen. In der Regel bewirken diese Einflußgrößen im Vergleich zur Verflüchtigung aus Wasser eine Herabsetzung möglicher Verluste in die bodennahe Atmosphäre, wodurch die für die Wirkstoffe Triallat, Trifluralin und Lindan (Laborversuch bei 20 °C) von ca. 90, 80 und 50 % um mehr als die Hälfte auf durchschnittlich ca. 20 % - selbst unter Worst-case-Bedingungen einer konstanten Temperatur und Luftbewegung - verringert worden sind (Abbildung 4-4). Unter Freilandbedingungen, d. h. mit natürlichem

Tagesgang der Temperatur und Luftbewegung sowie nach sachgerechter Einarbeitung, gehen die Verluste im gleichen Versuchszeitraum von 6 Stunden z. B. für Triallat auf ca. 10 und für Trifluralin auf etwa 12 % weiter zurück (Grover et al., 1988). Die gleiche Tendenz zeigt sich auch bei höheren Temperaturen, aber unterschiedlichen Bodenarten in Abhängigkeit vom $C_{org.}$-Gehalt (Maas et al., 1988). Untersuchungen bei 30 °C und 60 % $WK_{max.}$ mit dem Wirkstoff Triallat auf einem lehmigen Sandboden und einem tonigen Schluff (mit jeweils ca. 1 % $C_{org.}$) sind nach 6 Stunden Verluste von ca. 50 % nach Oberflächenapplikation gemessen worden (Krasel und Pestemer, 1993). Bei einer Verdoppelung des $C_{org.}$-Gehalts auf 2 % (sandiger Lehm) lagen die Verluste unter gleichen Versuchsbedingungen im Labor nur noch bei etwa 20 %.

In den Boden eingearbeitete Pflanzenschutzmittel müssen zuerst an die Oberfläche transportiert werden, bevor sie in die Atmosphäre übergehen können, so daß ihre Verflüchtigung vom effektiven Dampfdruck im Boden, der Desorption und der Bewegungsrate im Bodenwasser beeinflußt wird.

Faktoren, die den Übergang in die Atmosphäre bestimmen sind:

- Diffusion,
- Luftbewegung,
- Temperatur,
- Bodenfeuchte,
- PSM-Konzentration,
- Sorption.

Bei nicht bestimmungsgemäßer und sachgerechter Anwendung, z. B. bei fehlender Einarbeitung unmittelbar nach Applikation, oder wenn bei Ausbringung nicht ausschließlich die Zielfläche bzw. der Zielorganismus getroffen wird, wie dies bei Ein- und Mehrfachspritzung in den Bestand oder bei hohem Unkrautdeckungsgrad vorkommen kann, muß unter ungünstigen Bedingungen mit dem Eintrag erheblicher Wirkstoffmengen in die Atmosphäre gerechnet werden.

Untersuchungen belegen, daß bei flüchtigen Wirkstoffen bei Bodenapplikation ohne Einarbeitung (z. B. Triallat) bei 30 °C innerhalb von 24 Stunden mehr als 90 % in die Atmosphäre übergehen können. Bei weniger flüchtigen Wirkstoffen (z. B. Triazinen) liegt die Verflüchtigung bei einer Applikationstemperatur von < 15 °C im Herbst oder Frühjahr insgesamt unter 5 % der Gesamtapplikationsmenge.

4.7.2 Niederschlag

PSM werden im Boden überwiegend konvektiv mit dem Sickerwasser transportiert. Die Diffusion spielt eine untergeordnete Rolle. Die Menge des Sickerwassers, die in das Grundwasser gelangt (Grundwasserneubildung), ist in erster Linie eine Funktion der räumlichen und zeitlichen Niederschlagsverteilung und der Verdunstung. Einfluß nehmen u. a. die Bodenarten, die Flächennutzung, das Relief sowie die Grundwasserflurabstände (Dörhöfer und Josopait, 1980).

In erster Näherung kann die Grundwasserneubildung z. B. über die in Abbildung 4-5 dargestellten Lysimetergeraden erfolgen. Die Kurven beruhen auf Lysimetermessungen von Armbruster und Kohm (1976), die in der badischen Oberrheinebene durchgeführt wurden.

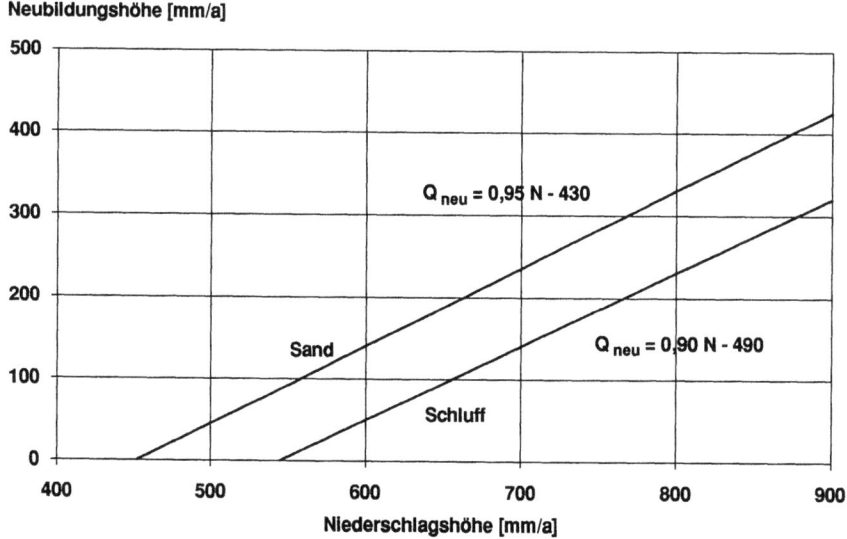

Abb. 4-5. Beziehung zwischen Niederschlag und Neubildung (Lysimetergerade). (Nach Armbruster und Kohm, 1976)

Für genauere Aussagen ist zu beachten, daß nicht nur die absolute Höhe des Niederschlags von Bedeutung ist, sondern auch die Intensität und die Verteilung über das Jahr. Wird bei hoher Niederschlagsintensität die Infiltrationskapazität des Bodens überschritten, kommt es zum Oberflächenabfluß. Tritt dieser Fall kurz nach einer Pflanzenschutzmittelapplikation auf, so wird ein großer Teil der PSM direkt in die Fließgewässer eingetragen. Ferner kann durch hohe Niederschlagsintensitäten im Sommer besonders bei bindigen Böden aufgrund von Schrumpfrissen ein Makroporenfluß entstehen, wodurch das Niederschlagswasser und die darin gelösten Stoffe schnell tief in den Boden und auch in das Grundwasser eindringen.

4.7.3 Temperatur

Die biologische Umsetzung im Boden erhöht sich mit steigender Temperatur, wobei eine Temperaturerhöhung um 10 °C die Reaktionsgeschwindigkeit nach der van`t Hoffschen Regel um den Faktor 2 bis 4 steigert. In erster Näherung kann die Abhängigkeit zwischen Temperatur und Abbau durch die Gleichung von Arrhenius beschrieben werden.

$$\log(DT_{50}) = (H / 2{,}303 \cdot R\,T) - C \qquad (4\text{-}2)$$

wobei:

DT_{50} Halbwertszeit
H Aktivierungsenergie
R Gaskonstante
T absolute Temperatur (°K)
C spezifische Konstante

Neben der Temperatur ist bei Abbauvorgängen die Bodenfeuchte zu berücksichtigen (Bunte, 1991). Der Einfluß der Bodenfeuchte ist insbesondere für die Aktivität und Zusammensetzung der Mikroflora und damit für den biologischen Abbau von Bedeutung (Malkomes, 1992 a,b). Ein optimaler Abbau von PSM im Boden erfolgt bei Wassergehalten zwischen 60 und 80 % der maximalen Wasserkapazität.

5 Ausbreitung von Pflanzenschutzmitteln im Boden und im Grundwasser

5.1 Prozesse

Pflanzenschutzmittel gelangen im allgemeinen in Wasser gelöst, seltener als eigenständige Phase mit von Wasser unterschiedlicher Dichte und Viskosität, auf die Bodenoberfläche. Das phasenförmige Eindringen der Wirkstoffe in den Boden wird hier nicht weiter betrachtet, da ein Eintrag der Stoffe als Phase in den Grundwasserleiter nahezu ausgeschlossen werden kann. Die Pflanzenschutzmittel werden immer im Sickerwasser gelöst zum Grundwasser gelangen. Nur bei Unfällen oder unbesonnenen Handlungen (unzulässiges Beseitigen von Restmengen) ist der Eintrag als Phase in das Grundwasser denkbar. Unfälle sind jedoch nicht Gegenstand dieser Betrachtung.

Der Transport von wasserlöslichen Stoffen im Boden- und Grundwasser wird durch eine Reihe unterschiedlicher Prozesse bestimmt, deren Wirkungsweise in Abbildung 5-1 schematisch dargestellt ist.

Die Advektion beinhaltet den Transport der Inhaltsstoffe mit dem Wasserfluß. Die Dispersion wird durch die unterschiedlichen Geschwindigkeiten des Trägerfluids Wasser in den Hohlräumen und die Streuung der Teilchen am Korngerüst des Bodens bestimmt. Die Diffusion berücksichtigt die Molekularbewegung der Stoffe im Wasser unter der Wirkung eines Konzentrationsgefälles. Beide Effekte bewirken eine Verteilung ("Verschmierung") der Stoffe im durchströmten Medium und führen damit zu einer Verringerung der Konzentration im Wasser. Durch die Adsorption der Stoffe an der Bodenmatrix wird die Konzentration im Wasser (gelöste Phase) verringert und die Stoffausbreitung verzögert. Biochemische Umwandlungen und Abbaureaktionen führen zu einer Herabsetzung der Stoffkonzentration sowohl in der gelösten als auch in der sorbierten Phase. Befindet sich der PSM-Wirkstoff auf seinem Wege mit dem Sickerwasser in dem sorptiven, mikrobiell aktiven Oberboden oder in dem wasserungesättigten Unterboden bzw. im Grundwasser, so unterliegt er aufgrund veränderter Substrateigenschaften (organische Substanz, Körnung) und Milieubedingungen (pH-Wert, Redoxpotential) unterschiedlichen Sorptions- und Abbauprozessen.

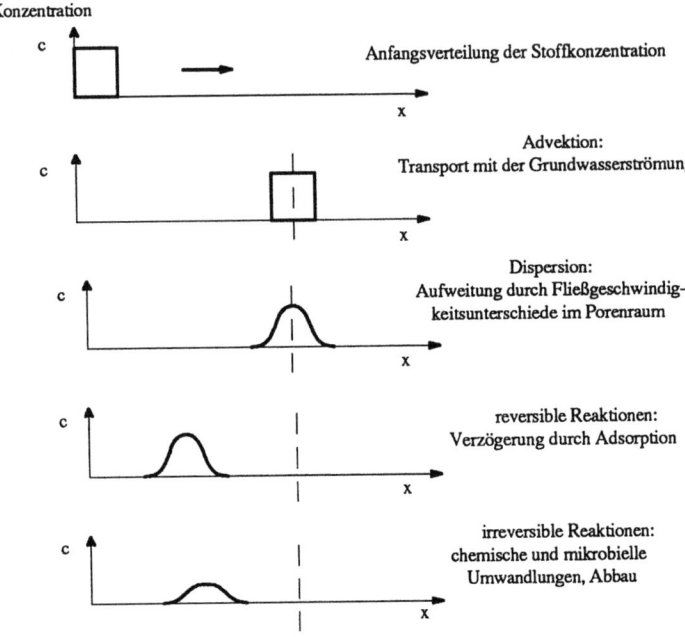

Abb. 5-1. Wirkung von Einflüssen auf den Wasser- und Stofftransport in porösen Medien. (Nach Kinzelbach, 1982)

5.1.1 Advektion

Der Stofftransport im Boden- und im Grundwasser wird wesentlich durch die Wasserbewegung selbst bestimmt. Das Wasservolumen, das pro Flächen- und Zeiteinheit durch ein poröses Medium fließt, ergibt sich nach dem Darcy-Gesetz aus der Durchlässigkeit und dem hydraulischen Gradienten:

$$v_f = - k_{fu} \, \text{grad} \, h \qquad (5-1)$$

wobei v_f Filtergeschwindigkeit
 k_{fu} Durchlässigkeit
 grad h   hydraulischer Gradient

Der k_{fu}-Wert hängt vom Wassergehalt ab. In einem ungesättigten Boden ist die Durchlässigkeit geringer als in einem vollgesättigten. Bezieht man die sättigungsabhängige Durchlässigkeit k_{fu} auf die Durchlässigkeit bei Vollsättigung k_f, so erhält man die relative Durchlässigkeit $k_r = k_{fu} / k_f$.

Der Zusammenhang zwischen der relativen Durchlässigkeit k_r und dem relativen Wassergehalt $\Theta = (\theta - \theta_r) / (\theta_s - \theta_r)$ ist in Abbildung 5-2 dargestellt.

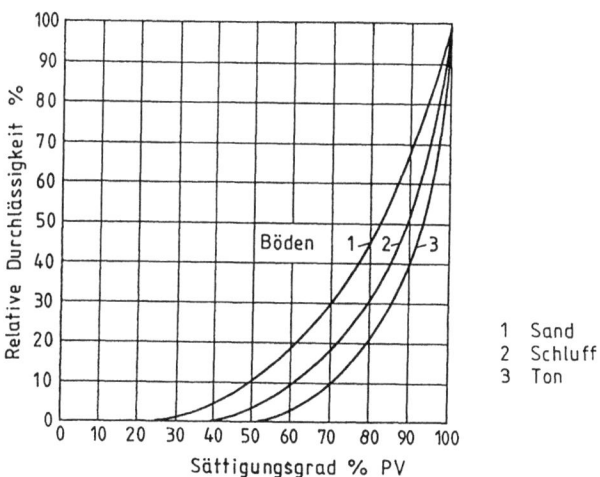

Abb. 5-2. Abhängigkeit der relativen Durchlässigkeit vom Wassergehalt

Setzt man zunächst voraus, daß die Inhaltsstoffe nicht an der Bodenmatrix adsorbiert werden und auch keinen biochemischen Umwandlungen unterliegen (konservative Stoffe: Tracer), so entspricht die mittlere Geschwindigkeit, mit der sich die Schadstoffe bewegen, der des Wassers.

Die Abstandsgeschwindigkeit (Geschwindigkeit des Porenwassers) ergibt sich aus dem Quotienten der Filtergeschwindigkeit und des durchflußwirksamen Hohlraumanteils.

$$v_a = v_f / (n_a \Theta) \qquad (5-2)$$

wobei v_a Abstandsgeschwindigkeit
           n_a durchflußwirksamer Hohlraumanteil
           Θ relativer Wassergehalt

5.1.2 Dispersion

Die Größe der Dispersion hängt sowohl von der Fließgeschwindigkeit des Wassers als auch von den Eigenschaften des durchströmten Mediums ab. Quantifiziert wird der Effekt durch den Dispersionskoeffizienten (Scheidegger, 1963).

$$D_d = \alpha \, v_a \qquad (5\text{-}3)$$

wobei D_d Dispersionskoeffizient
         α Dispersivität

Die Dispersivität ist keine reine Bodenkenngröße, da sie vom Betrachtungsmaßstab abhängt. Bei Laborversuchen wurden Dispersivitäten im cm- und dm-Bereich gefunden. Im Felde liegen die Dispersivitäten 2 bis 3 Zehnerpotenzen höher. Die Erklärung hierfür ist das Vorhandensein größerer Inhomogenitäten im Feld (Makrodispersion). Abbildung 5-3 zeigt die Zunahme der longitudinalen Dispersivität α_L mit der Fließstrecke.

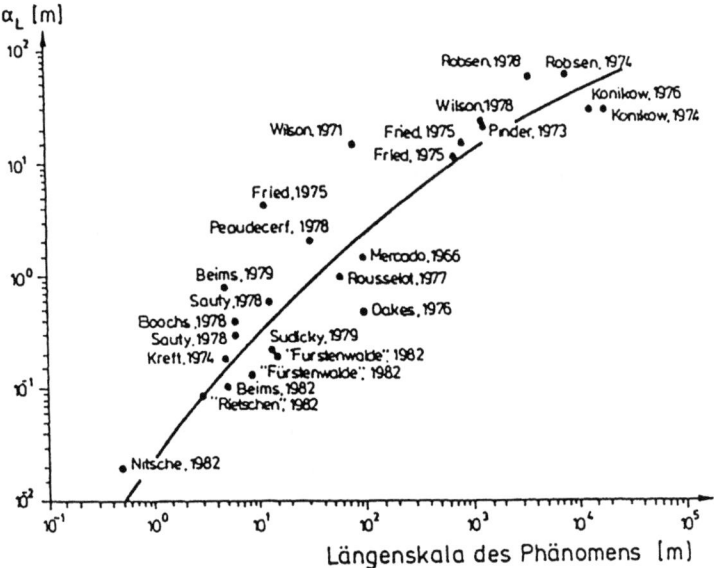

Abb. 5-3. Abhängigkeit der Dispersivität von der Fließstrecke.
(Nach Beims et al., 1982)

5.1.3 Ad- und Desorption

Bei der Adsorption der PSM handelt es sich um eine Anlagerung der Stoffe an der Oberfläche eines Feststoffes (Boden oder Grundwasserleitersedimente). Der Adsorptionsfilm ist häufig nur wenige Molekülschichten stark. Adsorptionsvorgänge sind in der Regel reversibel, d. h., die auf dem Feststoff adsorbierten PSM können auch wieder in Lösung gehen. Bei ausreichenden Kontaktzeiten stellt sich zwischen flüssiger und fester Phase ein Gleichgewicht ein. Unter Freilandbedingungen ist jedoch davon auszugehen, daß die PSM nicht gleichmäßig im Boden verteilt sind, so daß im wesentlichen Nichtgleichgewichtsbedingungen vorliegen. Das Ausmaß und die Intensität der Sorption ist einerseits von den physikalisch-chemischen Eigenschaften des PSM (z. B. Ladungseigenschaften) abhängig, andererseits von den im Boden bzw. Substrat vorhandenen Sorbentien. Dazu gehören die organische Substanz, Tonminerale und Sesquioxide. Bei der Adsorption ist zwischen reversiblen (Desorption möglich) und irreversiblen Vorgängen zu unterscheiden.

Zur mathematischen Beschreibung einer Beziehung zwischen der Konzentration C im Wasser (gelöste Phase) und der Konzentration des Wirkstoffs in der sorbierten Phase existieren sowohl für den Gleichgewichts- als auch für den Nichtgleichgewichtsfall zahlreiche Ansätze, von denen hier nur die gebräuchlichsten aufgezählt werden. Eine ausführliche Übersicht findet man bei Van Genuchten und Cleary (1979) oder bei Rao und Jessup (1982).

Gleichgewichts-Adsorption/Desorption wird beschrieben durch

- linearer Ansatz: $S = k_1 \cdot C + k_2$ (5-4)
- Freundlich-Ansatz: $S = k_1 \cdot C^{k_2}$ (5-5)
- Langmuir-Ansatz: $S = k_1 \cdot C / (1 + k_2 \cdot C)$ (5-6)

wobei:
- C Konzentration in der gelösten Phase
- S Konzentration in der sorbierten Phase
- k_1, k_2 empirische Konstanten.

Für $k_2 = 1$ wird die Freundlich-Isotherme zu einer linearen Beziehung, die als Henry-Isotherme bezeichnet wird. Die Sorptionskonstante k_1 wird dann K_d-Wert genannt.

Bei der Beschreibung der Adsorption von PSM wird häufig auch der K_{oc}-Wert (oc = organic carbon) als Kenngröße verwendet. Dabei wird davon ausgegangen, daß die organische Substanz ($C_{org.}$ = Gehalt an organischem Kohlenstoff), als für die meisten PSM wichtigster Sorbent, für die Sorption verantwortlich ist. Zwischen dem K_d-Wert und dem K_{oc}-Wert gilt folgende Beziehung:

$$K_{oc} = K_d \, 100 \, / \, C_{org.} \quad (5\text{-}7)$$

Für eine Bewertung der Stärke der Sorption anhand der K_{oc}-Werte gilt folgendes:

K_{oc}-Wert :
  < 100   sehr gering
  100-300   gering
  300-1000   mittel
  1000-10000   stark
  > 10000   sehr stark

Obigen Beziehungen für Gleichgewichte entsprechen folgende Nichtgleichgewichtsansätze:

- linear $\partial S / \partial t = k_r \, (k_1 \, C + k_2 \, S)$ (5-8)
- Freundlich $\partial S / \partial t = k_r \, (k_1 \, C^{k_2} - S)$ (5-9)
- Langmuir $\partial S / \partial t = k_r \, [k_1 \, C / (1 + k_2 \, C) - S]$ (5-10)

Zusätzlich zu den Parametern k_1 und k_2 tritt hier noch eine ebenfalls als konstant angesehene Adsorptionsrate k_r auf.

Das Ad- und Desorptionsverhalten von PSM wird üblicherweise in Laborschüttelversuchen bei festgelegten Versuchsbedingungen ermittelt (Boden-Lösungs-Verhältnis, Begleitelektrolyte, Temperatur). Diese stationär ermittelten Sorptionskonstanten lassen sich nicht ohne weiteres auf Feldbedingungen übertragen (Mac-Intyre und Stauffer, 1988). Sie geben lediglich die relative Sorption im jeweiligen Kompartiment an.

5.1.4 Biochemische Umwandlungen und Abbau

Der Begriff "Abbau" läßt sich unterschiedlich definieren. Einmal wird von Abbau gesprochen, wenn durch biotische (mikrobiell) und/oder abiotische (photochemisch, chemisch) Faktoren das Wirkstoffmolekül so verändert wird, daß es zum Verlust der ursprünglichen Eigenschaften der Verbindung führt. Alle entstehenden Folgeprodukte werden als Metaboliten bezeichnet. Je nachdem, ob ein Herbizid von Mikroorganismen metabolisiert oder cometabolisch bzw. abiotisch-chemisch abgebaut wird, ergeben sich zwei verschiedene Typen der Abbaukinetik. Im ersten Fall ist der Abbau durch eine lag-Phase charakterisiert (Latenz- oder Anpassungsphase: Zeitspanne, die verstreicht, bis eine entsprechende Mikroorganismenmutante auftritt, bzw. Zeit, die für die potentiell zum Abbau fähigen Mikroorganismen nötig ist, um sich an das neue Substrat anzupassen) und im zweiten Fall dadurch, daß die Konzentrationsabnahme direkt einsetzt. Die lag-Zeit von Tagen ist für die Beschreibung der PSM-Ausbreitung nicht von Bedeutung, da der Transport der Stoffe sowohl in der gesättigten als auch in der ungesättigten Zone in wesentlich längeren Zeiträumen vonstatten geht.

Zur Beschreibung des Pestizidabbaus im Boden sind u. a. folgende Degradationsmodelle gebräuchlich (Rao und Jessup, 1982; Goring et al., 1975):

Reaktion 1. Ordnung: $\quad \partial C / \partial t = \lambda\, C$ $\hfill$ (5-11)

Potenzratengesetz: $\quad \partial C / \partial t = \lambda_1\, C^{\lambda_2}$ $\hfill$ (5-12)

hyperbolischer Ansatz: $\quad \partial C / \partial t = \lambda_1\, C / (\lambda_2 + C)$ $\hfill$ (5-13)

Dabei ist $\partial C / \partial t$ die abgebaute Wirkstoffmasse pro Zeit- und Volumeneinheit.

Normalerweise läßt sich keines dieser Modelle an die Degradationskurve eines PSM über ihren gesamten Bereich anpassen. Die Reaktion 1. Ordnung stellt einen Spezialfall der Potenzratenkinetik dar und wird häufig als erste Näherung benutzt. Die Integration der Reaktionsgleichung 1. Ordnung über die Zeit t ergibt:

$$C = C_0\, e^{-\lambda t} \qquad (5-14)$$

wobei: C_0 Anfangskonzentration
$\quad\quad\quad\;\; \lambda$ Abbaukonstante
$\quad\quad\quad\;\; t$ Zeit

In Abbauversuchen wird in der Regel nicht die Abbaukonstante, sondern die Halbwertszeit τ ermittelt. Die Halbwertszeit ist die Zeit, in der die Hälfte des Ausgangsstoffes abgebaut ist. Beide Größen sind miteinander verknüpft durch die Gleichung

$$\tau = \ln 2 / \lambda \qquad (5\text{-}15)$$

An dieser Stelle ist anzumerken, daß es richtiger ist, anstatt von Halbwertszeiten von der "disappearence time" (DT_{50} = Zeitraum für einen 50%igen Verlust des Ausgangswirkstoffes) zu sprechen, da bei den Abbauversuchen der Gesamtverlust des Ausgangswirkstoffes ermittelt wird und nicht der tatsächliche Um- oder Abbau zu verschiedenen Metaboliten.

Das Potenzratengesetz modelliert im allgemeinen chemische Reaktionen in homogenen Lösungen, während das hyperbolische Modell Reaktionen beschreibt, die durch Adsorption an Oberflächen oder Komplexbildung mit Katalysatormolekülen katalysiert werden. Das hyperbolische Modell entspricht der Michaels-Menten-Gleichung der Enzymkinetik mit der maximalen Abbaurate λ_1 (Sättigung bei $C \to \infty$) und der Michaelis-Konstanten λ_2, einer sog. Pseudogleichgewichtskonstanten.

Das hyperbolische Modell läßt sich erweitern, so daß es der Unterdrückung mikrobieller Aktivität bei hohen Konzentrationen Rechnung trägt (Richter et al., 1992):

Inhibitionsmodell: $\quad \partial C / \partial t = \lambda_1 C / (\lambda_2 + C) \cdot [\, 1+(C / \lambda_3)^{\lambda_4}\,]^{-1} \qquad (5\text{-}16)$

Die Konstanten λ_1 usw. stellen empirische Koeffizienten dar, deren Werte durch Umgebungsfaktoren wie Temperatur und Bodenwasserpotential bestimmt werden.

Der Abbau von Pflanzenschutzmitteln im Boden wird also von einer Vielzahl von Faktoren beeinflußt: Bodenart, Bodenfeuchtigkeit, Durchlüftung, Bodentemperatur, Boden-pH, Sorption, Biomasse, Artenzusammensetzung der Bodenfauna und -flora, mikrobielle Aktivität, Pflanzenbewuchs, Düngung, Pflanzenschutzmittelspritzfolgen, wiederholte Anwendungen. Ein Ziel der Untersuchungen bestand in der Erfassung der Größenordnung von Abbaukonstanten (Halbwertszeiten) für verschiedene Milieubedingungen.

5.2 Einflüsse auf die Prozesse

5.2.1 Boden

Böden sind heterogene Gemische aus anorganischen und organischen Komponenten. Dabei kann der Boden in drei Phasen unterteilt werden: eine feste (organische und anorganische Bestandteile), eine flüssige (Bodenwasser) und eine gasförmige Phase (Bodenluft). Zwischen den Phasen bestehen Wechselwirkungen, und es kann bei ausreichend langen Zeiträumen zu Gleichgewichtseinstellungen kommen.

Von entscheidender Bedeutung für Verhalten und Verbleib von PSM im Boden sind neben den Wirkstoffeigenschaften die Bodencharakteristika des jeweiligen Standorts. Dabei ist zwischen bodeneigenen und biologischen Parametern zu unterscheiden. Zu den bodeneigenen Parametern gehören im wesentlichen Textur, Struktur, Humusgehalt bzw. organischer Kohlenstoff und pH-Wert. Als biologische Parameter sind mikrobielle Biomasse und Artenzusammensetzung der Bodenorganismen zu nennen.

5.2.1.1 Textur und Struktur

Die Textur ist entscheidend für die Wasserdurchlässigkeit eines Bodens. Sie bestimmt zusammen mit dem hydraulischen Gradienten die Geschwindigkeit der Wasserbewegung und die Größe der Dispersion der Inhaltsstoffe. In der ungesättigten Bodenzone wirkt sich die Textur auf die Belüftung des Bodens und damit auch auf den Abbau von PSM aus. Die gleichen Gesichtspunkte gelten auch für die Bodenstruktur. Strukturierte Böden enthalten in der Regel Makroporen, die große Mengen Wasser schnell in tiefere Bodenschichten gelangen lassen.

<u>Porensystem des Bodens</u>

Für die Verlagerung von im Wasser gelösten Stoffen im Bodenprofil ist das Porensystem (Porenvolumen, -spektrum, -geometrie) des Bodens von entscheidender Bedeutung. Die Definitionen von Makroporen bzw. Makroporösität differieren bei verschiedenen Autoren erheblich. Die Spanne der Äquivalentdurchmesser reicht von > 30 µm (Marshall, 1959) bis zu > 3000 µm bei Beven und Germann (1981). Ausgedrückt über das Matrixpotential der Makroporen werden Werte von > 10,0 kPa (Marshall, 1959) bis > - 0,1 kPa (Beven und Germann, 1981) genannt. Durch funktionelle Definitionen läßt sich die Angabe von Äquivalentdurchmessern bzw. Matrixpotentialen umgehen, weshalb sie besser geeignet scheinen, Makroporen zu beschreiben. Radulovich et al. (1989) bezeichnen die Poren als Makroporen, die entwässert sind, wenn der Boden Feldkapazität erreicht hat. Nach Beven und Germann (1982) sind Makroporen Hohlräume, die das Wasser schneller leiten, als sich der Potentialgradient zur angrenzenden Matrix ausgleichen kann.

Da Pflanzenschutzmittel, insbesondere Herbizide, bei der Applikation in erheblichem Umfang auf und in den Boden gelangen, können sie mit dem Niederschlagswasser auf bevorzugten Fließwegen (z. B. Makroporen) in den Unterboden gelangen und das Grundwasser kontaminieren. Aufgrund der dort herrschenden Substrateigenschaften (z. B. organische Substanz, Körnung) und Milieubedingungen (pH-Wert, Redoxpotential) werden die PSM langsamer abgebaut und weniger sorbiert als im Oberboden. Mit Hinblick auf die Trinkwassergewinnung ist dieser Sachverhalt deshalb kritisch zu bewerten.

Um das Verlagerungsverhalten von PSM im Boden mit Hilfe von Computersimulationsmodellen exakt erfassen und bewerten zu können, muß der qualitative und quantitative Einfluß von Makroporen auf das Verlagerungsverhalten von PSM bekannt sein.

5.2.1.2 Humusgehalt

Für die Adsorption von PSM im Boden ist in erster Linie der Humusgehalt von Bedeutung. Ein Maß für den Humusgehalt ist der Gehalt an organischem Kohlenstoff C_{org}. In Abbildung 5-4 wird am Beispiel des Herbizids Simazin die unterschiedliche Sorptionsintensität in verschiedenen Bodenhorizonten eines 180 cm Bodenprofils (10 bzw. 20 cm-Untersuchungsraster) an einem ackerbaulich genutzten Standort gezeigt. In Abhängigkeit vom C_{org}-Gehalt, der mit zunehmender Tiefe stark abnimmt, verringert sich der K_d-Wert und erhöht sich der Gehalt der wasserextrahierbaren Simazingehalte. Im Bearbeitungshorizont (ca. 0 - 25 cm) sind die Verhältnisse ausgeglichen.

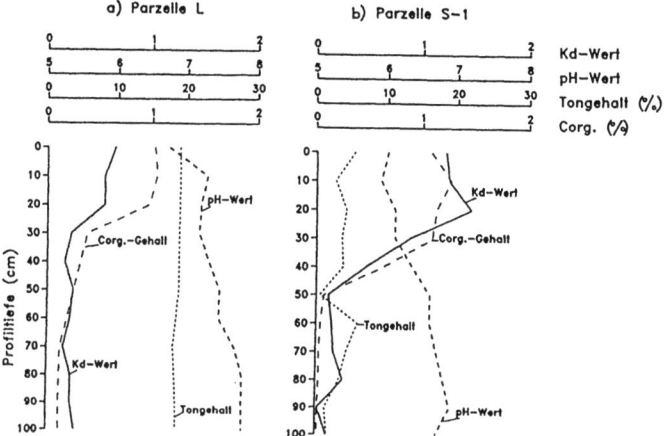

Abb. 5-4. Sorptionsverhalten von Simazin in einer podsolierten Braunerde. (Bunte und Pestemer, 1991)

Ist ein PSM mit dem Sickerwasser in das Bodenprofil unterhalb 30 cm eingewaschen, so muß aufgrund der veränderten Eigenschaften des Unterbodens eine neue Bewertung im Hinblick auf Sorption und Rückhaltewirkung vorgenommen werden. Mit geringerer Adsorption erhöht sich die relative Mobilität eines Stoffes im Vergleich zur Ackerkrume.

Für das Sorptionsverhalten bestimmter PSM können unter bestimmten Milieubedingungen (pH-Wert) auch der Tongehalt bzw. einzelne Tonminerale von Bedeutung sein. Als Sorbentien (Adsorbens) kommen in Frage:

- kolloidale Fraktion der Tonminerale,
- kolloidale Fraktion der organischen Substanz,
- kolloidale Fraktion der Metalloxide und -hydroxide.

Je größer die Oberfläche des Adsorbens, desto größer ist die Sorptionskapazität:

- org. Substanzen: 500 bis 800 m² / g,
- Tonminerale: 7 (Kaolinit) bis 800 (Vermikulit) m² / g,
- Oxide, Hydroxide: 100 bis 800 m² / g.

Aufgrund der im Ober- und Unterboden und im Grundwasser unterschiedlichen Substrateigenschaften (organische Substanz, Körnung) und Milieubedingungen (pH-

Wert, Redoxpotential) werden die PSM im Unterboden und im Grundwasser weniger sorbiert und abgebaut als im Oberboden.

5.2.2 Flurabstand

Pflanzenschutzmittel können mit dem Sickerwasser über das Bodenprofil in das Grundwasser eindringen. Je nach Grundwasserflurabstand müssen die PSM dabei eine unterschiedlich mächtige Deckschicht durchwandern. In Abhängigkeit von den physikalisch-chemischen Eigenschaften der Deckschicht kommt es zu einer Filter- und Pufferwirkung. Es treten Sorptions- und Abbauvorgänge auf, die zu einer verzögerten Ausbreitung der PSM bzw. zur Eliminierung führen können. Aufgrund neuerer Erkenntnisse kann man davon ausgehen, daß auch im mikrobiell schwach aktiven Unterboden und im Grundwasserleiter ein Abbau von PSM stattfindet. Allerdings ist der Abbau im allgemeinen deutlich langsamer als im mikrobiell aktiveren Oberboden. Je größer der Flurabstand ist, desto länger ist die Verweilzeit in der ungesättigten Bodenzone und desto mehr wird in dieser Zeit abgebaut, so daß weniger PSM in das Grundwasser gelangen können.

5.2.3 Alterung

Das Abbauverhalten von PSM im Boden kann ferner von deren Alterung beeinflußt werden. So zeigten Untersuchungen nach Wirkstoffalterung einen verlangsamten Abbau (Bunte, 1991). Dieses Phänomen kann darauf zurückgeführt werden, daß die PSM-Rückstände stärker am Boden gebunden werden und so dem Abbau weniger zugänglich sind.

Abbildung 5-5 zeigt die im Labor ermittelten Adsorptionskonstanten für zugesetztes und im Boden gealtertes Simazin. Es zeigt sich, daß in allen untersuchten Böden gealtertes Simazin stärker adsorbiert wird als frisch zugesetztes. Ein Anstieg ist über den gesamten Versuchszeitraum festzustellen. Die Zunahme dieser verstärkten Adsorption ist wiederum von den jeweiligen Bodeneigenschaften beeinflußt. Die Annahme zeitlich konstanter Sorptionskonstanten führt daher häufig zu falschen Prognosen einer möglichen Tiefenverlagerung.

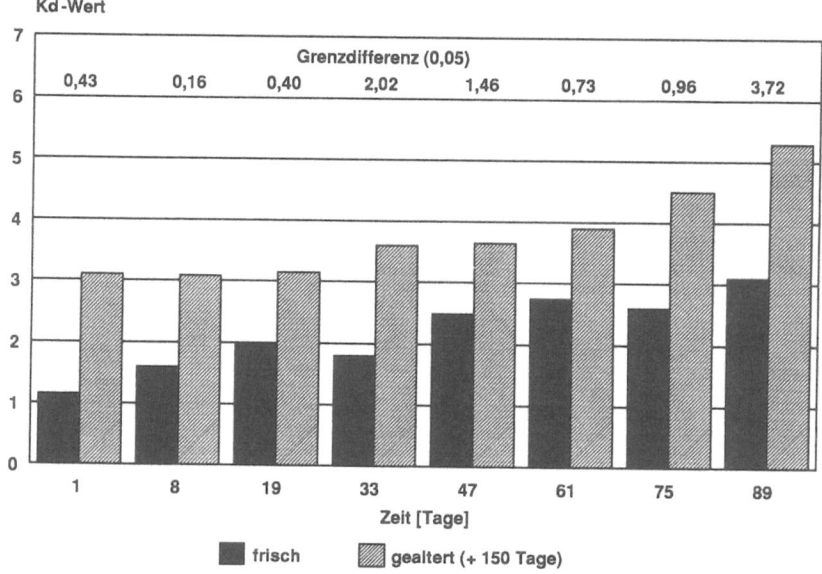

Abb. 5-5. K_d-Werte für frisch zugesetztes und gealtertes Simazin im Laborversuch in 4 verschiedenen Böden. (Aus Bunte, 1991)

5.3 Pflanzenschutzmittel im Grundwasser

Sind Pflanzenschutzmittel über die Bodenpassage in das Grundwasser eingedrungen, so breiten sie sich mit dem Wasser im Grundwasserleiter aus. Das Transportverhalten bzw. die Mobilität einzelner Wirkstoffe ist dabei im wesentlichen von ihren Sorptionseigenschaften und denen des Grundwasserleiters (Feststoff) abhängig. Die Adsorption der PSM führt hier ebenso wie im wasserungesättigten Bodenprofil zu einer Filter- bzw. Rückhaltewirkung. Dabei ist die Adsorption als eine oberflächenabhängige, phasenübergreifende Wechselwirkung zu verstehen, deren Resultat eine Gleichgewichtsverteilung eines Stoffes zwischen zwei Phasen ist. Wichtige adsorbierende Partikel des Untergrundes sind Tonminerale, organische Substanz, amorphe Oxide und Hydroxide. Die Adsorption hängt von den Ladungseigenschaften der zu sorbierenden Stoffe ab. Da es sich bei Pflanzenschutzmitteln häufig um wenig polare oder unpolare Verbindungen handelt, spielen hier die Van-der-Waals-Kräfte eine besondere Rolle. Allgemeingültige Aussagen zum

Adsorptionsverhalten von Pflanzenschutzmitteln sind jedoch aufgrund der hohen Variabilität der Feststoffeigenschaften sehr schwierig. Auch Erkenntnisse über Sorptionsvorgänge in Ober- und Unterböden dürfen nicht direkt auf den Grundwasserbereich übertragen werden.

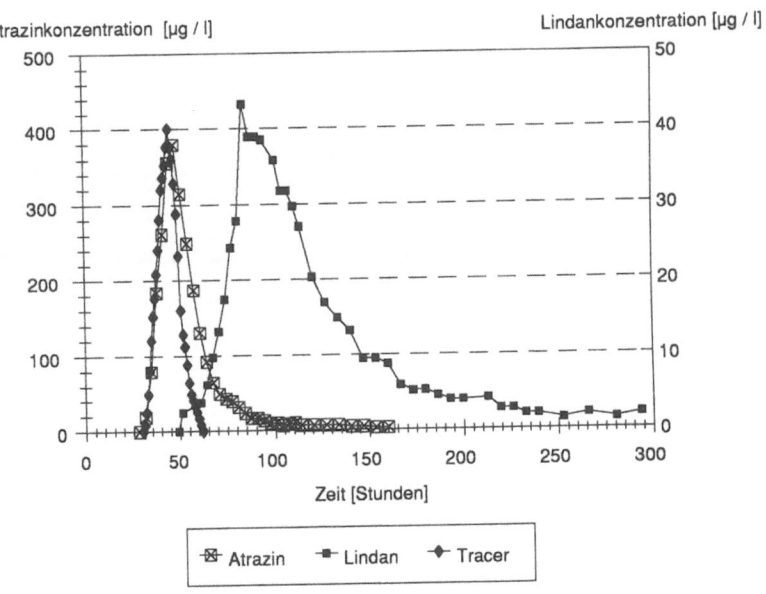

Abb. 5-6. Konzentrationsverlauf von Atrazin und Lindan im Vergleich zu einem Tracer (KCl) unter gesättigten Fließbedingungen im Laborsäulenversuch. (Aus Nordmeyer et al., 1992)

Die Abbildung 5-6 zeigt beispielhaft die in Laborsäulenversuchen unter gesättigten Bedingungen ermittelten Konzentrationsverläufe von Atrazin, Lindan und einem Tracer (KCl) in einem Substrat (Nordmeyer et al., 1992), das in seinen Eigenschaften einem typischen norddeutschen Porengrundwasserleiter entspricht ($C_{org.}$ < 0,02 %). Da der Tracer ohne Wechselwirkung mit dem Boden mit dem Sickerwasser die Bodensäule durchläuft, kann er als nahezu sorptionsinert bezeichnet werden.

Die Atrazinausbreitung ist gegenüber der Wasserbewegung kaum verzögert. Dabei läßt sich das Rückhaltevermögen durch einen Retardierungsfaktor (R_d-Wert) beschreiben, der aus der mittleren Abstandsgeschwindigkeit des Wassers (idealer Tracer) und der des Pflanzenschutzmittels berechnet wird.

$$R_d = v_a / v_{PSM} \qquad (5\text{-}17)$$

wobei: R_d Retardationsfaktor
           v_{PSM} Abstandsgeschwindigkeit des Pestizids
           v_a Abstandsgeschwindigkeit des Wassers

Die Retardierung läßt sich aber auch aus den Adsorptionskonstanten (K_d-Wert) berechnen.

$$R_d = 1 + K_d [\,(1 - n_a)\,\rho_s + n_a\,\rho_f\,/\,n_a\,] \qquad (5\text{-}18)$$

wobei: n_a durchflußwirksamer Hohlraumanteil
           ρ_s Dichte des Feststoffs
           ρ_f Dichte der Trägerflüssigkeit

Dabei zeigt sich jedoch, daß diese auf der Grundlage der in Schüttelversuchen (Gleichgewichtseinstellung) ermittelten K_d-Werte berechneten Retardierungen im allgemeinen höher liegen als die im Säulenversuch (fließendes System = Nichtgleichgewicht) gemessenen.

Bewegt sich der zu untersuchende Stoff mit der Wassergeschwindigkeit, so ist die Retardierung gleich 1. In diesem Beispiel konnte für Atrazin ein R_d-Wert von 1,1 berechnet werden. Trotz dieses geringen Rückhaltevermögens kam es aber im Substrat durch Ad- und Desorptionsvorgänge zu einer mehrfach stärkeren Ausdehnung der Kontaminationswolke im Vergleich zum Tracer. Es bildet sich ein schwach ausgeprägter "Desorptionsast", der zu einer anhaltenden Belastung des Perkolatwassers im Spurenbereich führt. Der Wirkstoff Lindan zeigt ein anderes Ausbreitungsverhalten. Obwohl das erste Auftreten von Lindan zeitlich parallel mit dem des Tracers verläuft, ist gegenüber Atrazin eine deutlichere Rückhaltewirkung zu erkennen. Für die Retardierung konnte ein Wert von 2,0 berechnet werden. Damit wird Lindan im Vergleich zu Wasser in dem untersuchten Substrat nur etwa halb so schnell wie Atrazin transportiert.

Für einen natürlichen Grundwasserleiter ist zu folgern, daß in Abhängigkeit von den physikalisch-chemischen Eigenschaften der Pflanzenschutzmittel die Ausbreitung unterschiedlich erfolgt und bei der Bewertung einer Grundwasserkontamination zu berücksichtigen ist.

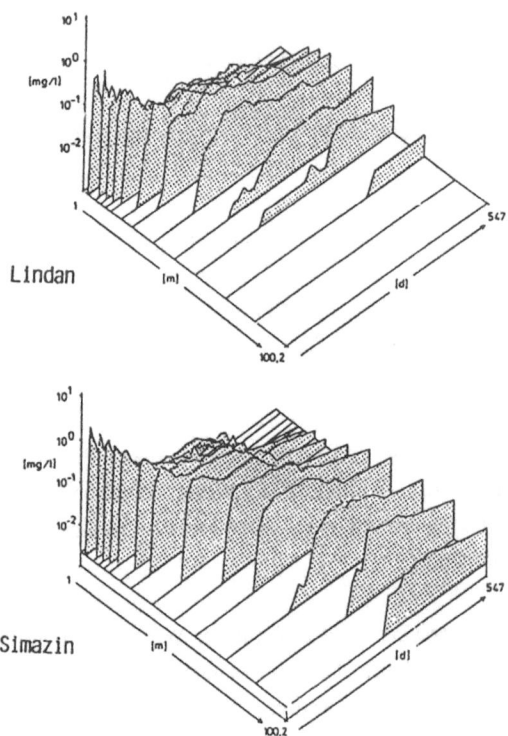

Abb. 5-7. Ausbreitung von Lindan und Simazin in einem künstlichen Porengrundwasserleiter. (Aus Nordmeyer et al., 1994)

Abbildung 5-7 zeigt das Ausbreitungsverhalten von Simazin und Lindan in einer naturnahen Versuchseinrichtung nach punktueller Belastung etwa 1,5 Jahre nach Versuchsbeginn. Diese künstlichen Grundwasserleiter hatten eine Länge von 100 m, eine Breite von 1 m und eine Höhe von 1,5 m. Die Ausbreitung des Simazins war gegenüber der Wasserbewegung leicht verzögert, während Lindan deutlich stärker retardiert wurde. Entlang der Fließstrecke nahm die Konzentration bis unterhalb der Nachweisgrenze ab.

Ähnliche Beobachtungen konnten auch in einem natürlichen Grundwasserleiter in Kanada gemacht werden. Es zeigte sich, daß Pendimethalin nach ca. 30 Tagen bis zu 10 m vorgedrungen war, während Chlortoluron und Terbuthylazin bereits bei 26 m angelangt waren (Reichling, 1991).

Neben der Sorption von Pflanzenschutzmitteln im Grundwasserleiter ist der Abbau von entscheidender Bedeutung für eine Eliminierung der Pflanzenschutzmittel. Entsprechende Untersuchungen zeigen, daß Pflanzenschutzmittel wie Atrazin sich im Grundwasserleiter nicht nur in Abhängigkeit von den physikalisch-chemischen Wirkstoff- und den Sedimenteigenschaften bei bestimmten hydrogeologischen Verhältnissen ausbreiten, sondern auch Abbauprozessen, jedoch stark verlangsamt im Vergleich zu Oberböden, unterliegen (Abbildung 5-8).

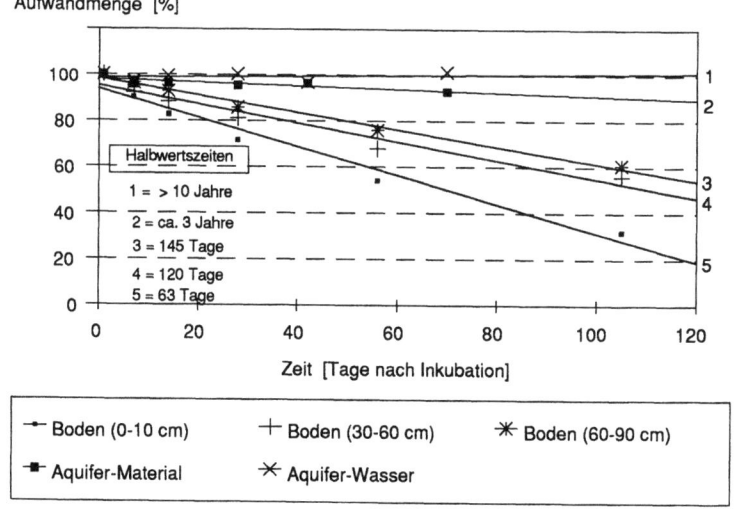

Abb. 5-8. Atrazinabbau im Ober- und Unterboden eines Bodenprofils (20 °C) und im Aquifer (10 °C). (Aus Nordmeyer und Pestemer, 1992)

Im Aquifermaterial konnten für Atrazin Halbwertszeiten bis zu 3 Jahren berechnet werden. Dies bedeutet, daß bei auftretenden Grundwasserbelastungen mit Pflanzenschutzmitteln über eine mögliche Metabolisierung eine Konzentrationsabnahme erfolgt. Diese kann bei langen Verweilzeiten des Wassers im Grundwasserkörper auch zu einer vollständigen Eliminierung der Ausgangsubstanz führen. Weiterer Klärungsbedarf besteht noch bezüglich der Faktoren, die einen Abbau beschleunigen oder verlangsamen, und wie die entstehenden Abbauprodukte hinsichtlich ihres Transportverhaltens und ihrer weiteren Metabolisierung zu bewerten sind.

6 Experimentelle Untersuchungen

Ziel des Vorhabens war die Berechnung des Transports von Pflanzenschutzmitteln von der Bodenoberfläche bis zu Brunnen oder Oberflächengewässern, in die Grundwasser eintritt. Auf diesem Wege unterliegen die Wirkstoffe vielfältigen Einflüssen. Es ist unmöglich, alle Einflußfaktoren zu berücksichtigen, weder in experimentellen Untersuchungen noch in mathematischen Berechnungen. Bezogen auf die ungesättigte Zone dienten die experimentellen Untersuchungen

- zur Ermittlung von Werten einflußnehmender Parameter und
- zur Überprüfung von Berechnungen.

Schwerpunkte experimenteller Untersuchungen waren

- Laborversuche an Bodenproben zur Ermittlung von Adsorption und Abbau im gesättigten und ungesättigten Zustand,
- Feldversuche zur Ermittlung der Ausbreitung der PSM unter natürlichen Witterungsbedingungen und in gewachsenen Böden in der ungesättigten Zone,
- Laborversuche an Bodensäulen mit gewachsenem Boden zur Ermittlung von Adsorption und Abbau der PSM.

Ziel der Berechnungen war es, einerseits die Labor- und Feldversuche zu Eichzwecken zu nutzen; andererseits sollten unter Variation vieler Parameter die Stoffeinträge ins Grundwasser ermittelt werden, um den Input in die Berechnungen des PSM-Transports im Grundwasser zu erhalten.

Darüber hinaus sind verschiedene Modelle auf ihre Eignung zur Beschreibung des Stofftransports in der ungesättigten Zone getestet worden.

6.1 Charakterisierung der Böden und Grundwasserleitersedimente

Die Labor- und Freilandversuche wurden mit den Böden an zwei verschiedenen Standorten (Meyenfeld und Ruthe) durchgeführt. Einen Überblick der bodenkundlichen Eigenschaften der Versuchsstandorte gibt Tabelle 6-1. Die nach DIN-Verfahren ermittelten Bodenkenndaten gelten jeweils für den Oberboden (Ackerkrume 0 bis 30 cm).

Tabelle 6-1. Bodenkundliche Parameter an den Standorten Ruthe und Meyenfeld

Parameter		Meyenfeld	Ruthe
pH	--	5,1	7,2
$C_{org.}$	[%]	1,1	1,7
Grobsand	[%]	2,7	0,8
Mittelsand	[%]	50,2	1,5
Feinsand	[%]	26,2	2,1
Grobschluff	[%]	10,5	17,5
Mittelschluff	[%]	1,9	19,5
Feinschluff	[%]	3,8	15,4
Ton	[%]	4,7	43,2
Lagerung	[g/cm^3]	1,45	1,35
KAK	[mMol/100g]	8,8	20,4

Der Standort Meyenfeld liegt nordwestlich von Hannover im Bereich glazialer Ablagerungen. Bei dem Boden handelt es sich um eine sandige Braunerde (Bodenart: schwach-schluffiger Sand) mit geringer Krumenmächtigkeit (im Durchschnitt 25 cm), der als gering humos bis humos einzustufen ist. Durch den hohen Sandanteil weist der Boden eine starke Durchlässigkeit für Wasser und darin gelöste Substanzen auf. Aufgrund dieser Eigenschaften ist der Standort als austragsgefährdet einzustufen.

Der Standort Ruthe liegt in der Leineaue südlich von Hannover. Das Bodenprofil ist als brauner Auenboden (Bodenart: mittel-schluffiger Ton) anzusprechen. Aufgrund der Körnungsdaten ist die Wasserleitfähigkeit als gering bis sehr gering einzustufen. Da der Boden bei längeren Trockenphasen zur Schrumpfrißbildung neigt, können sich jedoch zusätzliche Fließwege für Sickerwasser und darin gelöste Stoffe bilden. Die humose Ackerkrume hat eine durchschnittliche Mächtigkeit von 30 cm.

In Abbildung 6-1 sind die Wasserspannungskurven (pF-Kurven) beider Standorte für jeweils zwei verschiedene Tiefen dargestellt.

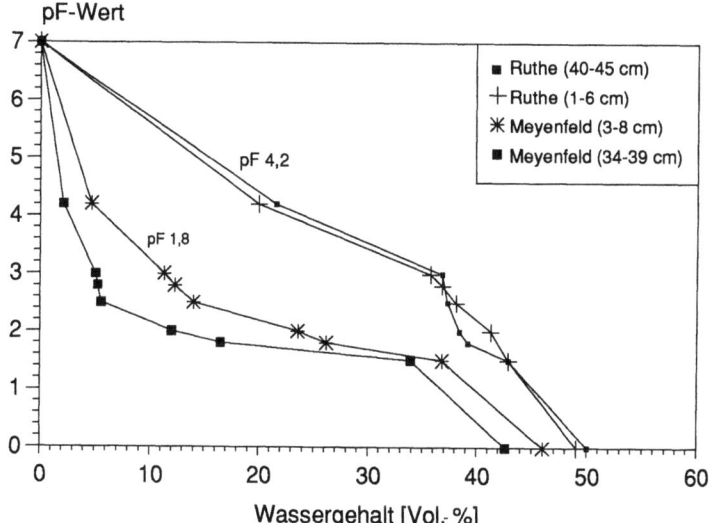

Abb. 6-1. Wasserspannungskurven an den Standorten Ruthe und Meyenfeld

Bei den Kurven des Standortes Meyenfeld wird der Einfluß des hohen Sandanteils deutlich. Bedingt durch den hohen Grobporenanteil erfolgt die Entwässerung des Bodens schon bei geringen pF-Werten. Der Oberboden am Standort Ruthe zeigt aufgrund des hohen Gehaltes an organischer Substanz eine erhöhte Wasserspeicherfähigkeit.

Die Böden der Versuchsflächen zeigen z. T. eine hohe räumliche Variabilität ihrer Eigenschaften (z. B. Humusgehalt). Dies ist im wesentlichen bedingt durch die Faktoren der Bodenbildung, aber auch durch langjährig unterschiedliche Bewirtschaftungsweisen. Diese Heterogenität der Böden führt zu einem unterschiedlichen Verhalten applizierter Pflanzenschutzmittel bezüglich Sorption, Verfügbarkeit und Abbau.

Zur Ermittlung der Bodenvariabilität des Versuchsstandorts Meyenfeld wurde der Ackerschlag in ein Probennahmeraster von 40 x 40 m aufgeteilt. An jedem Rasterpunkt wurden Bodenproben (Mischprobe aus drei Einstichen) bis 30 cm Tiefe aus der Ackerkrume entnommen. Für jeden Rasterpunkt wurde die Krumenmächtigkeit und der organische Kohlenstoffgehalt (Humus) ermittelt.

Die räumliche Verteilung der betrachteten Variablen wurde durch die Berechnung von Variogrammen bzw. Semi-Variogrammen bestimmt. Auf der Grundlage solcher Variogramme sind Werte für die regionalisierte Variable an nicht gemessenen Punkten mittels des Kriging-Interpolationsverfahrens ermittelt worden. Abbildung 6-2 zeigt die Variabilität der Krumentiefe des 3,2 ha Schlages, Abbildung 6-3 die Verteilung des organischen Kohlenstoffgehalts in der Fläche.

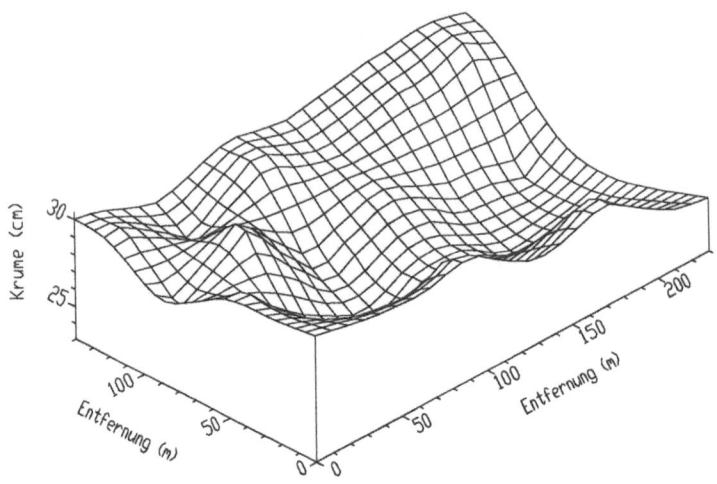

Abb. 6-2. Krumentiefe am Standort Meyenfeld

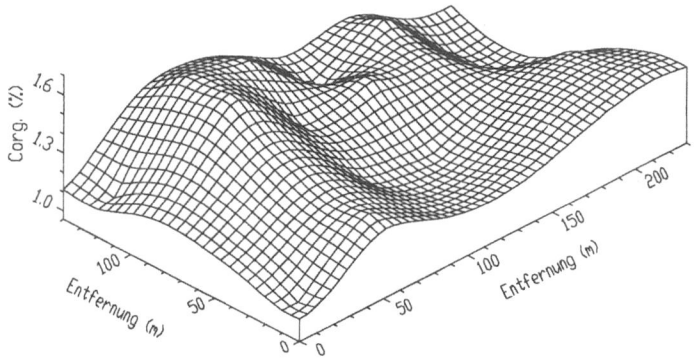

Abb. 6-3. Gehalte an organischem Kohlenstoff ($C_{org.}$) am Standort Meyenfeld

Es zeigen sich deutliche Senken, die durch ihre geringe Rückhalte- bzw. Filterwirkung (Adsorption) im Hinblick auf eine mögliche Verlagerung von PSM als empfindlich einzustufen sind.

6.2 Auswahl der Pflanzenschutzmittel

Für die Untersuchungen wurden Pflanzenschutzmittelwirkstoffe mit unterschiedlichen physikalisch-chemischen Eigenschaften als Modellsubstanzen ausgewählt. Während der Durchführung der Versuche haben sich im Bereich der Pflanzenschutzmittelzulassung Veränderungen ergeben, im Zuge derer die Zulassung der ausgewählten PSM eingeschränkt wurde. Die Zulassung für Atrazin ist ausgelaufen, so daß Präparate mit diesem Wirkstoff seit dem 1. Januar 1991 nicht mehr in Verkehr gebracht werden dürfen. Seit dem 29. März 1991 besteht außerdem ein vollständiges Anwendungsverbot. Für Methabenzthiazuron (MBT) und Chlortoluron (CT) wurde zwischenzeitlich eine Wasserschutzgebietsauflage erteilt, so daß diese Wirkstoffe in Wasserschutzgebieten nicht mehr angewendet werden dürfen. Diese Auflagen wurden jedoch aufgrund mehrjähriger Lysimeterstudien wieder aufgehoben.

Tabelle 6-2. Wichtige Eigenschaften der untersuchten Pflanzenschutzmittelwirkstoffe und ihre Aufwandmengen

Wirkstoff	Stoffgruppe	Substanz	Wasserlöslichkeit bei 20 °C [mg/l]	Dampfdruck bei 20 °C [hPa]	Aufwandmenge [kg/ha]	Kultur
Atrazin*)	Herbizid	1,3,5-Triazin-Derivat	70,0	$4 \cdot 10^{-7}$	1	Mais
Terbuthylazin	Herbizid	1,3,5-Triazin-Derivat	8,5	$1,5 \cdot 10^{-6}$	1	Mais
Desmetryn*)	Herbizid	1,3,5-Triazin-Derivat	580,0	$1,3 \cdot 10^{-6}$	0,375	Kohl
Terbutryn	Herbizid	1,3,5-Triazin-Derivat	58,0	$1,3 \cdot 10^{-6}$	2	Wintergetreide Mais
Chlortoluron	Herbizid	Harnstoffderivat	70	$4,8 \cdot 10^{-8}$	3	Wintergetreide
Methabenzthiazuron	Herbizid	Harnstoffderivat	59	$1,0 \cdot 10^{-6}$	3,5	Winter-/Sommergetreide
Pendimethalin	Herbizid	aromatische Nitroverbindung	0,3	$4,0 \cdot 10^{-5}$	2,0	Wintergetreide Mais

*) zur Zeit nicht zugelassen

Für die Feldversuche wurden die Wirkstoffe Terbuthylazin (TBL) und Pendimethalin (PDM) ausgewählt. Beide Wirkstoffe werden in größerem Umfang in der Landwirtschaft eingesetzt und haben keine Wasserschutzauflage. Terbuthylazin gehört wie Atrazin zur Stoffgruppe der s-Triazine (Tabelle 6-2) und ist als mittelmobil einzustufen. Bei Pendimethalin handelt es sich um eine aromatische Nitroverbindung mit geringer Mobilität. Physikalisch-chemische Daten der Wirkstoffe sind ausführlich bei Perkow (1993) beschrieben. Da jedoch aufgrund ihrer früheren Anwendung noch Rückstände der Wirkstoffe Methabenzthiazuron, Chlortoluron und Atrazin im Spurenbereich im Bodenprofil oder Grundwasser vorhanden sein können, erschien es sinnvoll, mit diesen Wirkstoffen auch Untersuchungen zum Transport und Abbau unter gesättigten Bedingungen (Laborsäulenversuche) durchzuführen.

7 Laborexperimente

7.1 Abbau- und Sorptionsstudien in der ungesättigten Zone

Um Verhalten und Verbleib der eingesetzten PSM im Boden näher zu charakterisieren, wurden Laborstudien zur Sorption und zum Abbau der PSM durchgeführt. Die Sorption an die Bodenmatrix ist sowohl von den Wirkstoffeigenschaften (Wasserlöslichkeit, Ladung, Molekülgröße u. a.) als auch von den Bodeneigenschaften (Gehalt an organischer Substanz, Tongehalt, pH-Wert u. a.) abhängig. Als wichtigste Einflußgröße gilt der Gehalt an organischer Substanz, der positiv mit der Sorption von PSM korreliert ist. Der größte Anteil der PSM wird reversibel an den Boden gebunden und kann somit wieder desorbiert werden. Es treten aber auch irreversibel gebundene Rückstände (bound residues) im Boden auf, die mit Standardextraktionsverfahren nicht erfaßt werden. Diese Fraktion kann quantitativ nur durch radioaktiv markierte PSM ermittelt werden. Entsprechende Untersuchungen wurden im Rahmen dieses Projekts nicht durchgeführt. Bei Versuchen von Kloskowski und Führ (1988) mit Simazin (s-Triazin) konnten nach 1 Tag 6,5 % der applizierten Radioaktivität nicht mehr extrahiert werden. Die von den genannten Autoren verwendeten Böden waren den hier verwendeteten Versuchsböden ähnlich, so daß vergleichbare Resultate erwartet werden könnten.

Das Sorptionsverhalten von Terbuthylazin und Pendimethalin wurde im sog. Batch-Versuch (Schüttelversuch) in Anlehnung an die OECD-Richtlinie 106 (OECD, 1981) untersucht.

Der Abbau von PSM erfolgt vorwiegend durch Mikroorganismen, wobei die mikrobiologische Aktivität maßgeblich von Temperatur, Feuchtigkeit und der Menge an abbaubarem Substrat beeinflußt wird (Malkomes, 1992a, b). Das Abbauverhalten von Terbuthylazin und Pendimethalin wurde bei unterschiedlichen Inkubationsbedingungen im Labor für Böden der Standorte Meyenfeld und Ruthe untersucht.

7.1.1 Versuchsaufbau und -bedingungen

7.1.1.1 Sorptionsstudien

Die Verteilung von PSM zwischen fester (Boden) und flüssiger (Bodenlösung) Phase kann durch den mittleren Verteilungskoeffizienten bzw. die Henry-Konstante (K_d-Wert) beschrieben werden. Dieser Verteilungskoeffizient wird nach folgender Gleichung ermittelt:

$$K_d = C_a / C_e \qquad (7-1)$$

wobei: C_a Stoffkonzentration an der Festsubstanz sorbiert [µg/g Boden]
C_e Stoffkonzentration in der Lösung [µg/ml]

Abweichend von der OECD-Richtlinie 106, die ein Boden-Wasser-Verhältnis von 1:10 vorschreibt, wurden die Sorptionsversuche mit einem Boden-Wasser-Verhältnis von 1:1,5 durchgeführt. Die verwendeten Präparate Gardoprim 500 fl. (Wirkstoff: Terbuthylazin 490 g/l) und Stomp (Wirkstoff: Pendimethalin 330 g/l) waren Gemische. Der Boden (entsprechend 50 g Trockenmasse) wurde mit wäßriger PSM-Lösung zur Einstellung einer Konzentration von 1 µg Aktivsubstanz /g Trockenboden versetzt, danach zur Einstellung eines Sorptionsgleichgewichtes (24 h Lagerung bei +4 °C) mit 0,01 N $CaCl_2$-Lösung. Es stellte sich ein Gesamtflüssigkeitsvolumen von 75 ml ein. Zur Homogenisierung kam die Suspension 1 h auf einen Horizontalschüttler bei 230 U/min. Nach Filtration der Überstandslösung wurde ein Aliquot davon mittels Festphasenextraktion an Octadecyl(C_{18})-Säulen (Baker-Spe = Solid Phase Extraction) extrahiert. Dabei lagern sich die Wirkstoffmoleküle selektiv an die Matrix der Säule an und können anschließend mit Aceton direkt in die Meßkölbchen eluiert werden. Die Analytik der PSM-Wirkstoffe erfolgte gaschromatographisch mit verschiedenen Detektoren (ECD = Electron Capture Detector, NPD = Nitrogen Phosphorous Detector).

7.1.1.2 Abbaustudien

Zur Bestimmung der Halbwertszeiten liefen im Labor Abbauversuche unter definierten Temperatur- und Feuchtebedingungen. Es wurde jeweils ein aliquoter Teil (entsprechend 50 g Trockenmasse) der aus dem Versuchsfeld gewonnenen Bodenprobe mit der zur Erreichung der jeweiligen Feuchtestufe notwendigen Menge destillierten Wassers versetzt und die wässrige PSM-Lösung hinzugefügt. Eine 24stündige Einlagerung bei 4 °C der mit Zellulosestopfen verschlossenen Erlenmeyerkolben sorgte für eine Gleichgewichtseinstellung. Danach lagerten die Proben bei 10 °C und 20 °C in Klimaschränken. Wöchentlich wurde das verdunstete Wasser durch Zugabe von destilliertem Wasser ergänzt. Zu den festgesetzten Probennahmeterminen (Tag 1, 7, 14, 28, 56, 112) wurden die entsprechenden Proben bei -20 °C eingefroren und so für die spätere Analytik gelagert.

Für den Standort Meyenfeld kamen Bodenproben aus 3 Bodentiefen (0 bis 20, 40 bis 60, 100 bis 120 cm) ins Untersuchungsprogramm. Die Untersuchungen erfolgten bei 10 °C und 20 °C sowie verschiedenen Bodenfeuchtestufen (entsprechend einer Wasserspannung von pF 1,8, pF 2,5 und pF 3,0). Für den Standort Ruthe waren es Proben aus 2 Bodentiefen (0 bis 20 und 40 bis 60 cm) bei 20 °C und einer Feuchtestufe entsprechend pF 2,5.

Die Bestimmung der Gesamtrückstände im Boden erfolgte nach einer bei Stalder und Pestemer (1980) und Pestemer (1983) beschriebenen Methode. Der feuchte Boden (50 g Trockenmasse mit 85 ml Methanol und 15 ml demineralisiertem Wasser) wurde 1 h bei 230 U/min auf einem Horizontalschüttler geschüttelt. Nach Filtration des Überstandes wurde ein 50-ml-Aliquot davon in einen Scheidetrichter überführt und mit 50 ml destilliertem Wasser und 2 ml gesättigter NaCl-Lösung (zur besseren Phasentrennung) ersetzt. Es folgte 3maliges Ausrühren mit je 30 ml Dichlormethan mit einer Filtration der Lösungsmittelphase über Natriumsulfat (zur Entfernung von Wasserresten). Bei diesem Ausrühren gehen die PSM in die Lösungsmittelphase über. Das gesamte Dichlormethan wurde anschließend im Wasserbad bei 37 °C schonend bis zur Trockne eingeengt. Die Aufnahme der Rückstände erfolgte in Aceton mit innerem Standard (1 µg/ml Desmetryn bzw. 0,1 µg/ml Aldrin).

Ein Gaschromatograph mit verschiedenen Detektoren (ECD, NPD) diente zur Analyse der jeweiligen PSM-Gehalte.

7.1.2 Ergebnisse und Diskussion

7.1.2.1 Sorptionsstudien

Die Tabelle 7-1 zeigt die Verteilungskoeffizienten und die $C_{org.}$-Gehalte (als Maß für den Humusgehalt) der Versuchsstandorte in drei Bodentiefen. Deutlich ist die starke Korrelation der K_d-Werte mit dem Gehalt an organischem Kohlenstoff zu erkennen, die dazu führt, daß PSM in tieferen Bodenschichten wesentlich geringer sorbiert werden als im Oberboden. Da der Standort Ruthe deutlich höhere Gehalte an organischem Kohlenstoff aufweist, ist seine Filter- und Pufferfähigkeit gegenüber dem Standort Meyenfeld wesentlich erhöht. Die K_d-Werte liegen um den Faktor 1,9 bis 14,6 höher. Eine Ausnahme bildet die Bodentiefe 0 bis 30 cm, bei der eine stärkere Sorption der PSM zu erwarten gewesen wäre. Hier spielen andere Faktoren, wie z. B. Humusqualität, Tongehalt oder der pH-Wert eine Rolle, die die Sorptionskapazität modifizieren.

Weiterhin wird das unterschiedliche Sorptionsverhalten der beiden Wirkstoffe deutlich. Für Pendimethalin konnten aufgrund seiner physikalisch-chemischen Eigenschaften wesentlich höhere K_d-Werte als für Terbuthylazin ermittelt werden, woraus sich eine geringere Mobilität im Boden ableiten läßt.

Tabelle 7-1. K_d-Werte und organische Kohlenstoffgehalte der Standorte Meyenfeld und Ruthe

	Entnahmetiefe [cm]	$C_{org.}$ [%]	K_d-Wert Terbuthylazin	K_d-Wert Pendimethalin
Meyenfeld	0 - 30	1,02	3,2	105,5
	30 - 60	0,17	0,4	21,4
	60 - 90	0,03	0	6,4
Ruthe	0 - 30	1,57	2,7	202,7
	30 - 60	0,95	2,2	181,3
	60 - 90	0,93	1,4	92,8

7.1.2.2 Abbaustudien

Das Abbauverhalten von Terbuthylazin (TBL) und Pendimethalin (PDM) im Laborversuch bei 20 °C und Feuchtestufe pF 2,5 an Bodenproben aus verschiedenen Tiefen am Standort Ruthe zeigt Abbildung 7-1.

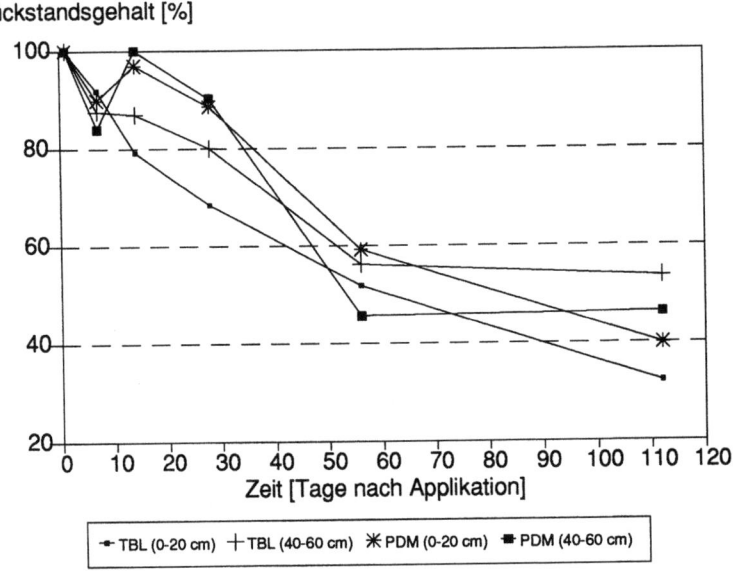

Abb. 7-1. Abbau von Terbuthylazin (TBL) und Pendimethalin (PDM) im Laborversuch bei 20 °C und pF 2,5 an Bodenproben aus verschiedenen Tiefen am Standort Ruthe

Die aus den Kurven nach einer Kinetik 1. Ordnung berechneten DT_{50}-Werte sind in Tabelle 7-2 zusammengefaßt. Die Werte für TBL und PDM liegen in der gleichen Größenordnung und sind vergleichbar mit den aus der Literatur bekannten Daten. Mit Zunahme der Bodentiefe ist ein geringer Anstieg der DT_{50}-Werte zu erkennen.

Tabelle 7-2. DT$_{50}$-Werte für Terbuthylazin und Pendimethalin im Laborabbauversuch bei 10 °C bzw. 20 °C für Bodenproben am Standort Ruthe (berechnet nach einer Kinetik 1. Ordnung)

Tiefe [cm]	DT$_{50}$ [Tage] Terbuthylazin	DT$_{50}$ [Tage] Pendimethalin
0 - 20	70 (58 - 81)	81 (60 - 103)
40 - 60	123 (52 - 194)	90 (19 - 161)

In Tabelle 7-3 sind die DT$_{50}$-Werte aus den Versuchen an Bodenproben vom Standort Meyenfeld zusammengestellt. Im Bereich pF 1,8 bis pF 3,0 zeigt sich insgesamt nur ein geringer Einfluß der Bodenfeuchte auf den Abbau. Es konnten keine gesicherten Unterschiede nachgewiesen werden. Dagegen ist für Terbuthylazin ein Anstieg der DT$_{50}$-Werte mit der Bodentiefe festzustellen. In 0 bis 20 cm Tiefe konnten für TBL für einen 50%igen Verlust des Ausgangswirkstoffes (10 °C) zwischen 182 und 256 Tage ermittelt werden, während in 100 bis 120 cm Tiefe von 411 bis 442 Tagen auszugehen ist. Dieser Anstieg ist in erster Linie auf die geringere mikrobielle Aktivität und einen damit verlangsamten Abbau in dieser Tiefe zurückzuführen. Für PDM liegen im Vergleich zum TBL die DT$_{50}$-Werte bei 10 °C und 20 °C deutlich höher. Dies widerspricht den Ergebnissen der Feldversuche und vielen aus der Literatur bekannten Ergebnissen. Im Feldversuch konnte für beide Wirkstoffe ein etwa gleich schneller Konzentrationsrückgang nachgewiesen werden. Ein Anstieg der DT$_{50}$-Werte mit der Beprobungstiefe zeigte sich für PDM nur in einem Fall (Variante 100 bis 120 cm; pF 2,5). Für die 20 °C-Variante ergab sich für beide Wirkstoffe ein deutlich schnellerer Abbau.

Tabelle 7-3. DT_{50}-Werte für Terbuthylazin und Pendimethalin im Laborabbauversuch bei 10 °C bzw. 20 °C für Bodenproben am Standort Meyenfeld (berechnet nach einer Kinetik 1. Ordnung)

Tiefe [cm]	Temperatur [°C]	Feuchte [pF]	DT_{50} [Tage] Terbuthylazin	DT_{50} [Tage] Pendimethalin
0 - 20	10	1,8	207	495
0 - 20	10	2,5	182	305
0 - 20	10	3,0	256	387
40 - 60	10	1,8	344	196
40 - 60	10	2,5	502	215
100 - 120	10	1,8	442	281
100 - 120	10	2,5	411	737
0 - 20	20	1,8	73	227
0 - 20	20	3,0	89	241

Der Abbau in den Bodenproben vom Standort Ruthe ist deutlich geringer als in den Proben vom Standort Meyenfeld. Die Ursache hierfür ist der höhere Humusgehalt am Standort Ruthe.

7.2 Abbau und Sorption im Grundwasser

7.2.1 Versuchsaufbau und -bedingungen

Zur Ermittlung des Abbaus und der Sorption von PSM in Böden im gesättigtem Zustand wurden ebenfalls Säulenversuche durchgeführt. Die verwendeten Edelstahlsäulen (V_2A-Stahl) haben bei einer Länge von 100 cm einen Innendurchmesser von 8 cm (Rauminhalt 5027 ml). Die Wahl fiel auf Edelstahl als Säulenmaterial, da dieser eine zu vernachlässigende Sorption von PSM garantiert. Kunststoffe hingegen sind für diesen Zweck nicht geeignet (Pestemer und Nordmeyer, 1988). Die Abbildung 7-2 zeigt den Versuchsaufbau.

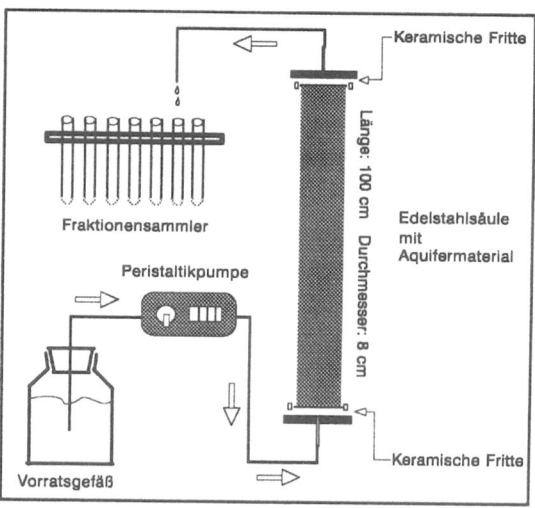

Abb. 7-2. Versuchsaufbau zur Prüfung des Ausbreitungsverhaltens von Pflanzenschutzmitteln im Grundwasser (Aquifermaterial)

Eine Peristaltikpumpe förderte die Perkolationslösung (Wasser- bzw. PSM-Lösung) aus einem Vorratsgefäß in die Säule, die von unten nach oben durchströmt wurde. Am Säulenausgang lief das Perkolat in einen Fraktionensammler (Phase 1) oder wieder in das Vorratsgefäß zurück (Phase 2). Die Dotierung der PSM und des Tracers erfolgte in das Vorratsgefäß. Der Tracer (Lithiumbromid) wandert ohne Abbau und Adsorption mit dem Wasser. Aus den Unterschieden in den Durchbruchskurven des Tracers und der PSM kann auf die Sorption und den Abbau der PSM geschlossen werden.

Die Phase 1 diente zur Ermittlung der Durchbruchskurven von zudotierten PSM und Tracer und erlaubte Rückschlüsse auf das Sorptionsverhalten. In der Phase 2 wurde der Konzentrationsverlauf im System über einen Zeitraum von bis zu 150 Tagen verfolgt und aus dem Konzentrationsrückgang die Zeit für einen 50%igen Verlust der PSM (DT_{50}) berechnet.

Für die Untersuchungen diente Aquifermaterial aus den Grundwasserleitern der Untersuchungsgebiete Ruthe und Meyenfeld. Die Probennahme erfolgte mit einem Flügelbohrer aus 5 bis 6 m Tiefe (Meyenfeld) bzw. an einem Aufschluß (Sandgrube) am Standort Ruthe. Für den Einbau in die Metallsäulen wurde der Skelettanteil (> 2 cm) abgesiebt und das verbleibende Material dann schichtweise (5 cm) eingefüllt. Um Lufteinschlüsse im Aquifermaterial zu vermeiden, wurde die Säulenfüllung während des Einbaus gleichzeitig von unten mit Wasser aufgesättigt. Das Transportmedium für die PSM war Wasser aus den jeweiligen Aquiferen. Die Versuche wurden in einem Klimaschrank bei Temperaturen von 10 °C (± 1 °C) durchgeführt.

Vor Versuchsbeginn floß das Wasser 4 Tage im Kreislaufbetrieb durch die Säulen (Einlaufphase). Die Zudotierung der PSM und des Tracers erfolgte dann in das Vorratsgefäß. Die Anfangskonzentrationen für die Wirkstoffe Atrazin, Terbuthylazin, Desmetryn und Terbutryn (Säule 1) bzw. Chlortoluron und Methabenzthiazuron (Säule 2) waren je Wirkstoff 100 µg/l. Die Konzentration des Tracers (LiBr) betrug bei allen Säulen 20 mg/l.

Die Durchflußrate wurde auf ca. 60 ml/h eingestellt. Das entspricht einer Filtergeschwindigkeit v_f von ca. 0,3 m/Tag. Im Versuchszeitraum verringerte sich die Durchflußrate z. T. erheblich als Folge von Partikelverlagerungen und bakteriologischer Vorgänge am Einlauf der Probe.

In der Phase 1 (Dauer: 84 h) wurde das Perkolat mittels eines Fraktionensammlers aufgefangen (Auflösung 1,65 h). Danach lief der Versuch im Kreislaufbetrieb mit Beprobungen in wöchentlichen bzw. in 14tägigen Abständen. Die Versuchsdauer betrug insgesamt 138 Tage.

Die PSM wurden mittels Festphasenextraktion (Baker-10-Spe Extraktionssystem) aus den Wasserproben gewonnen (Pestemer, 1989). Der Nachweis der PSM Atrazin, Terbuthylazin, Desmetryn und Terbutryn erfolgte gaschromatographisch (GC). Chlortoluron und Methabenzthiazuron wurden mittels Hochdruckflüssigkeitschromatographie (HPLC), der Bromidgehalt mittels Ionenchromatographie bestimmt.

7.2.3 Ergebnisse

Die Abbildungen 7-3 und 7-4 zeigen die Durchbruchskurven der ausgewählten PSM und des Tracers für den Boden vom Standort Ruthe. Die Durchbruchskurve der 4 Triazine läßt bei gegebener Auflösung keine Retardierung der Wirkstoffe in der Säule erkennen. Der Durchbruch am Säulenauslauf erfolgte nahezu zeitgleich mit dem Tracer.

Der Konzentrationsverlauf in der Phase 1 läßt dann eine unterschiedliche Sorption der Triazine erkennen. Nach der Versuchsdauer von 84 Stunden lag z. B. das Konzentrationsverhältnis (C/C_0) von Atrazin deutlich höher als das von Terbutryn.

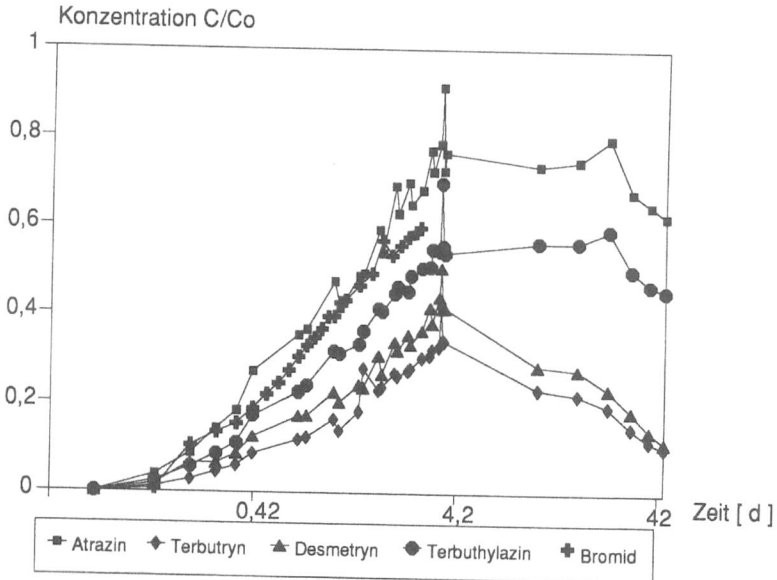

Abb. 7-3. Durchbruchskurven von Triazinen und Tracer (Bromid) im Laborsäulenversuch (Säule Ruthe)

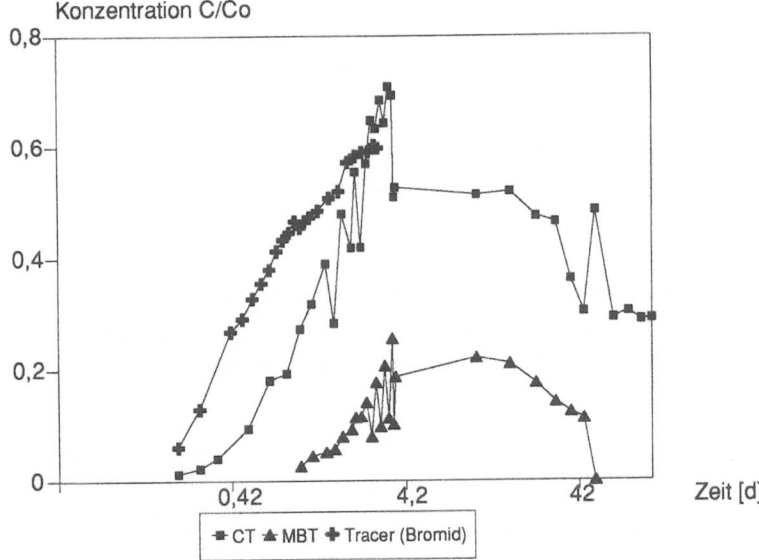

Abb. 7-4. Durchbruchskurven von Chlortoluron (CT), Methabenzthiazuron (MBT) und Tracer (Bromid) im Laborsäulenversuch (Säule Ruthe)

Während des Versuchszeitraumes ist ein deutlicher Abfall der PSM-Konzentrationen im Perkolat zu beobachten. Als Ursache für diesen Effekt kommen biotischer und abiotischer Abbau und/oder irreversible Bindung an das Aquifermaterial in Betracht.

Am Auslauf der Bodensäule tritt der Wirkstoff Chlortoluron (CT) zeitgleich mit dem Tracer im Perkolat auf, wird also nicht retardiert. Dagegen ließ sich der Wirkstoff Methabenzthiazuron (MBT) erst nach 24 Stunden im Perkolat nachweisen und zeigt somit eine deutliche Retardierung. Auch die geringe Konzentration nach 48 Stunden Versuchsdauer deutet auf starke Adsorption und Abbau von MBT hin. Nach einer Versuchsdauer von 45 Tagen konnte kein MBT mehr im Perkolat nachgewiesen werden. Chlortoluron zeigt in der Phase 2 einen ausgeprägten Konzentrationsrückgang bis zum Versuchsende.

Im Aquifermaterial aus Meyenfeld zeigte sich ein abweichendes Verhalten (Abbildung 7-5 und 7-6). Zwecks besserer Darstellung wurden hier nur Meßwerte bis zum 26. Versuchstag in die Grafiken aufgenommen, da das Konzentrationsniveau bis zum Versuchsende nahezu stabil blieb. Diese Tatsache verdeutlicht die geringe Sorptionsfähigkeit und den langsamen Abbau im Untergrund des Standortes Meyenfeld.

Die Konzentrationen der PSM und des Tracers stiegen vom Versuchsbeginn bis zum 5. Tag an und erreichten dann das Konzentrationsmaximum. Sowohl in Säule 1 (Triazine) als auch in Säule 2 (CT, MBT) erreichte die Tracerkonzentration > 90 % der Ausgangskonzentration. Atrazin und Terbuthylazin wurden in Säule 1 nahezu zeit- und mengengleich mit dem Tracer verlagert, was auf die geringe Sorptionskapazität des Substrates und die geringe Sorptionsfähigkeit der Wirkstoffe hindeutet (Tabelle 7-4). Bezogen auf Desmetryn und Terbutryn ergaben sich Konzentrationen < 30 % der Ausgangskonzentration, was auf die erheblich höheren K_{OC}-Werte dieser Wirkstoffe zurückzuführen ist.

Tabelle 7-4. Normierte Verteilungskoeffizienten (K_{OC}) der verwendeten Wirkstoffe

Wirkstoff	Verteilungs-koeffizient K_{OC}
Atrazin	88
Terbuthylazin	219
Desmetryn	384
Terbutryn	900
Chlortoluron	154
Methabenzthiazuron	667

Die Ergebnisse der Säulenversuche zeigten, daß Chlortoluron ca. 70 % und Metabenzthiazuron nur ca. 40 % seiner Ausgangskonzentration erreicht. Auch hier lassen sich die Unterschiede auf die Wirkstoffeigenschaften zurückführen.

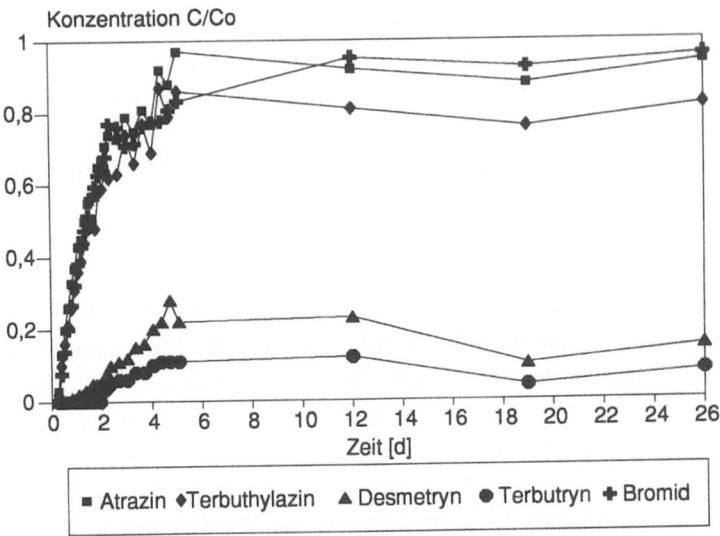

Abb. 7-5. Durchbruchskurven von Triazinen und Tracer (Bromid) im Laborsäulenversuch (Säule Meyenfeld)

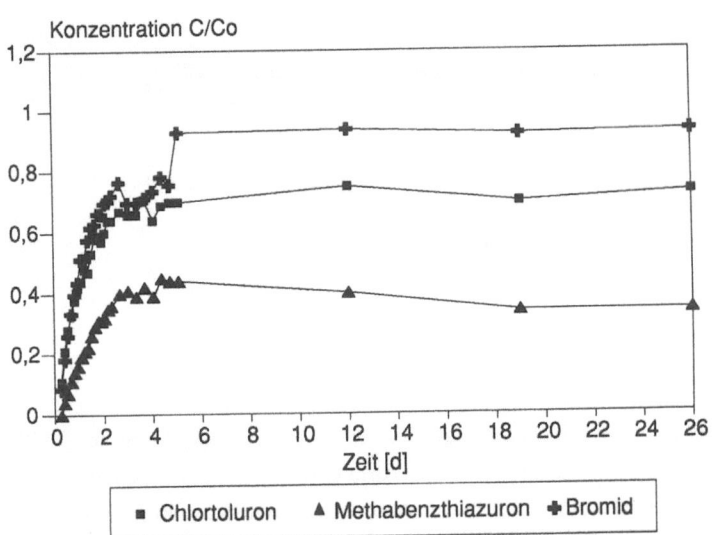

Abb. 7-6. Durchbruchskurven von Chlortoluron, Methabenzthiazuron und Tracer (Bromid) im Laborsäulenversuch (Säule Meyenfeld)

Anhand der Versuchsergebnisse wird deutlich, daß für die ausgewählten PSM ein z. T. unterschiedliches Verhalten (Abbau, Sorption) im Aquifer zu erwarten ist.

7.2.4 Folgerungen für die Berechnungen

Die Frage bleibt offen, ob die Wirkstoffe durch biochemischen Abbau oder durch irreversible Adsorption an der Oberfläche der Festsubstanz aus dem Wasser verschwinden. Der starke Rückgang der Konzentration einiger Wirkstoffe läßt erkennen, daß keine irreversible Adsorption vorliegt. Damit ist es für die spätere Simulation des Stofftransports bezogen auf diese Stoffe unerheblich, welcher Prozeß die Konzentrationsminderung hervorruft. Die verwendeten Mengen an Wirkstoffen in den Versuchen waren weit größer als solche, die in der Natur zu erwarten sind. Wäre eine irreversible Adsorption im Spiel, so läge eine hohe Adsorptionskapazität vor. Diese hohe Adsorptionskapazität läßt mit der Kenntnis, daß auch ein Abbau stattfindet, die Schlußfolgerung zu, daß letztlich die Ursache für das Verschwinden der Wirkstoffe aus dem Wasser gleichgültig ist. Ob irreversibel adsorbiert oder abgebaut, sie bilden für das Wasser keine Kontaminationsgefahr mehr.

8 Lysimeterstudien

8.1 Versuchsaufbau und -durchführung

Parallel zu den Feldversuchen in Meyenfeld und Ruthe wurden Lysimeterstudien im Labor mit ungestörten Bodenproben dieser Standorte durchgeführt. Ziel der Untersuchungen war es, das Verlagerungsverhalten der ausgewählten PSM unter definierten Randbedingungen zu erfassen. Die hierbei ermittelten Datensätze dienten zur Kalibrierung und Validierung der numerischen Modelle.

Für die Untersuchungen wurde ein begehbarer, klimatisierter Container mit den Abmessungen 2,5 x 2,5 x 6 m verwendet. In der Decke der Anlage wurden insgesamt 12 Lysimetersäulen installiert, so daß die Bodenoberfläche den natürlichen Witterungsbedingungen ausgesetzt war. Die Versuchsanlage ist in Abbildung 8-1 dargestellt.

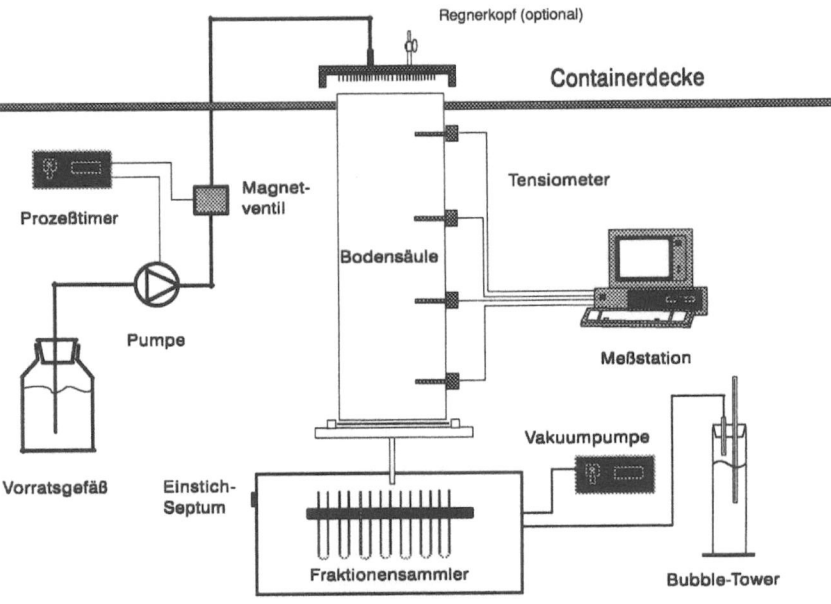

Abb. 8-1. Versuchsanlage mit Lysimetersäulen

Es bestand die Möglichkeit, jede Lysimetersäule - zusätzlich zum natürlichen Niederschlag - zu beregnen. Um naturnahe Bedingungen zu simulieren, lag die Temperatur im Innenraum der Lysimeteranlage bei 10 ± 2 °C. Das entspricht annähernd der im Feld auftretenden mittleren Bodentemperatur in 1 m Tiefe. Die eingehängten Säulen waren an den Wandungen so isoliert, daß die Innenraumtemperatur des Containers im wesentlichen vom unteren Säulenende her einwirken konnte. Das gewährleistete einen Temperaturgradienten im Bodenprofil.

Die aus Edelstahl bestehenden Lysimetersäulen haben eine Länge von 100 cm und einen Durchmesser von 30 cm (Volumen 70,7 l). Jede Bodensäule wurde mit einem Sickerwasserauslaufdeckel versehen, welcher mit einem definierten Quarzsand-Quarzschluff-Gemisch (77 % Sand, 23 % Schluff; k_f-Wert: 3,4 10^{-3} cm/s) befüllt war. Diese Schicht wirkte physikalisch wie eine keramische Platte und vermied beim Anlegen eines Unterdruckes einen Wasserstau an der Grenzschicht Boden/Luft. Zugleich war sie bei dem hier angelegten Unterdruck impermeabel für Luft. Am Auslaufdeckel der Lysimetersäulen lag eine Saugspannung von 40 cm Wassersäule (= 40 hPa) an. Die Innenfläche des Auslaufdeckels war in einen Innen- und Außenring gleicher Fläche unterteilt, so daß zwei Perkolatfraktionen aufgefangen werden konnten. Dieses Verfahren gewährleistete, daß mögliche Wasserflüsse zwischen der Wandung der Säulen und dem Bodenkern erkannt werden konnten.

Die Wasserspannung in den Säulen wurde über mehrere Druckaufnehmertensiometer aufgenommen und kontinuierlich durch einen PC registriert. Bei den Tensiometern handelt es sich um temperaturkompensierte, elektronische Druckaufnehmertensiometer, die sich durch hohe Genauigkeit, geringe Hysterese und hohe Langzeitstabilität auszeichnen. Die Abmessungen der keramischen Spitze (5 x 6 mm) wurden klein gewählt, so daß Störungen des Wasserflusses innerhalb der Säule vernachlässigbar klein blieben.

Der Einbau der Tensiometer erfolgte in 20, 40, 60 und 80 cm Bodentiefe mit Quarzmehlschlämmpaste als Kontaktvermittler. Die Bodentemperaturfühler wurden in 20, 50 und 80 cm Bodentiefe eingebaut. Es handelte sich um Sensoren mit integrierter Meßsignalaufbereitung.

Parallel zu den Messungen in der Lysimeterstation wurden die Wetterdaten Lufttemperatur, Bodentemperatur (Tiefen: 20, 50 und 80 cm) und Niederschlag am Standort von einer Meßstation im Freiland aufgezeichnet. Das am Säulenende austretende Perkolat wurde in Fraktionen aufgefangen und auf PSM und Tracer analysiert.

Entnahme der Bodenmonolithe

Die Entnahme der ungestörten Bodenproben erfolgte mit Hilfe einer Hydraulikvorrichtung, die mittels zweier Erdanker im Boden fixiert war. Die Metallsäule wird langsam in den Boden gedrückt, wobei der Boden um die Säule sukzessive abgegraben werden mußte, um den Eindringwiderstand zu verringern. Mit dieser Entnahmetechnik war es möglich, weitgehend ungestörte Bodenkerne zu erhalten (Aderhold und Nordmeyer, 1993).

Applikation der Pflanzenschutzmittel

Nach Einbau der Säulen in die Lysimeteranlage erfolgte die Applikation der Pflanzenschutzmittelwirkstoffe Terbuthylazin und Pendimethalin gemischt mit Lithiumbromid als Tracer. Folgende Mengen wurden appliziert:

Terbuthylazin (Gardoprim 500)	4,6 kg Aktivsubstanz / ha
Pendimethalin (Stomp)	6,0 kg Aktivsubstanz / ha
Lithiumbromid	27,5 kg Br / ha

Die PSM-Aufwandmengen entsprachen der doppelten praxisüblichen Aufwandmenge. Dadurch war gewährleistet, daß die Rückstände der applizierten PSM im Boden im Sinne der Fragestellung über einen längeren Zeitraum nachweisbar waren. Die Applikation erfolgte in ein Gitterraster von 2 x 2 cm (150 Zellen) auf die Bodenoberfläche. Pro Zelle wurde 1 ml Lösung aufgebracht. Auf diese Weise konnte die applizierte Menge exakt definiert und gleichmäßig verteilt werden.

8.2 Ergebnisse und Diskussion

PSM-Gehalte im Perkolat und im Feststoff

Während des Versuchszeitraumes (28.11.91 bis 05.05.92) wurde das im Lysimeter Meyenfeld anfallende Perkolat auf PSM-Rückstände und auf den Gehalt an Bromid untersucht. Die Wirkstoffe Terbuthylazin und Pendimethalin konnten zu keinem Zeitpunkt im Perkolat nachgewiesen werden. Die in diesem Zeitraum gefallenen Niederschläge von 97 mm führten unter den gegebenen Randbedingungen nicht zu einem Austrag der PSM.

Die PSM-Rückstände im Feststoff sind in Abbildung 8-2 dargestellt. Es wird deutlich, daß beide Wirkstoffe zum größten Teil in den obersten Bodenschichten (0 bis 10 cm) verblieben sind (98% TBL bzw. 91 % PDM der wiedergefundenen Wirkstoffmengen). Der Wirkstoff TBL ist bis 15 cm und der Wirkstoff PDM bis 40 cm Bodentiefe nachweisbar. Unterhalb von 40 cm sind beide Wirkstoffe nicht mehr nachweisbar. Die Bilanzierung ergibt einen Rückgewinn von 73,2 % für TBL bzw. 29,9 % für PDM.

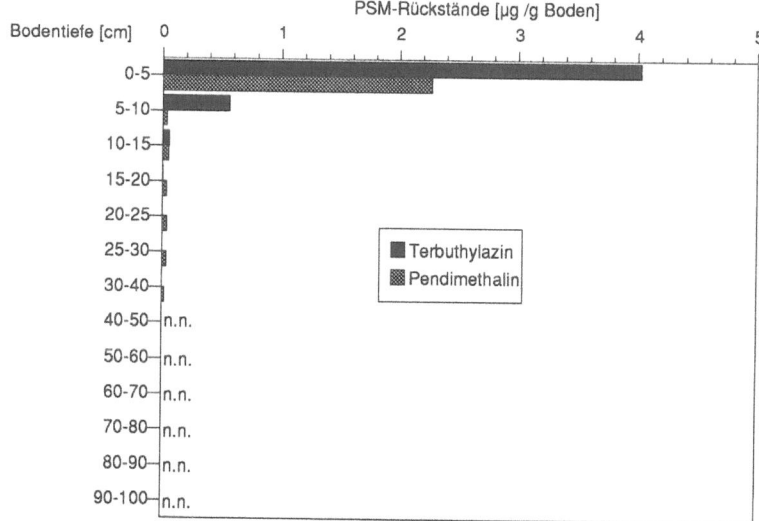

Abb. 8-2. Gehalte der Wirkstoffe Terbuthylazin (TBL) und Pendimethalin (PDM) im Feststoff des Lysimeters 3 (n. n. = nicht nachweisbar)

Bromidgehalte im Perkolat

Mit der Applikation der PSM wurde Bromid als Tracer aufgebracht, um die Verlagerung des Niederschlagswassers in der Säule verfolgen zu können. Die Abbildung 8-3 zeigt die Niederschlagsmengen im Versuchszeitraum des Lysimeters Meyenfeld, die Perkolatmengen und die Durchbruchskonzentrationen des Tracers.

Auffällig ist, daß schon im ersten Perkolat (Ende Dezember) Bromid auftrat; d. h., bei dem austretenden Wasser handelte es sich teilweise um Niederschlagswasser. Im weiteren Verlauf traten geringe Bromidkonzentrationen (< 5 mg/l) an allen Probenahmeterminen auf. Ein Starkregenereignis am 13.03.92 verlagerte große Mengen Bromid; an den folgenden Terminen traten Konzentrationen von über 40 mg/l im Perkolat auf.

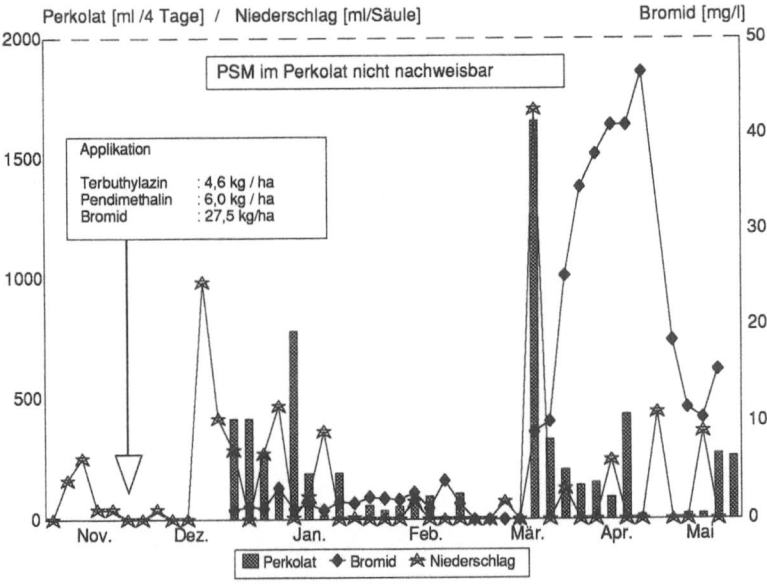

Abb. 8-3. Niederschlag, Perkolat und Bromidkonzentrationen im Perkolat des Lysimeters Meyenfeld

Die Durchbruchskurve von Bromid zeigt eine schnelle Verlagerung des Niederschlagswassers an. Dieser Befund wird im folgenden durch den Verlauf der gemessenen Bodenwasserspannungen bestätigt (Abbildung 8-4).

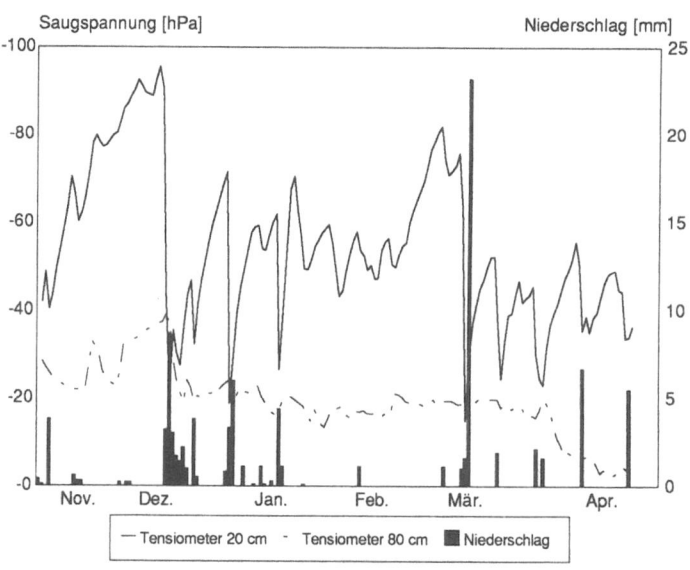

Abb. 8-4. Niederschlag und Bodenwasserspannungen des Lysimeters Meyenfeld 3

Aufgrund von Evaporation und geringen Niederschlägen stiegen die Saugspannungen im Dezember 1991 in 20 cm Tiefe auf -140 hPa an, was einem Wassergehalt von ca. 18 Vol.-% entsprach. Die Reaktion des oberen Tensiometers auf Niederschläge erfolgte der Bodenart entsprechend schnell, wobei Wassergehalte bis zu 40 Vol.% auftraten. Die Bodenwasserspannungen in 80 cm Tiefe zeigten im Versuchszeitraum nur geringe Schwankungen.

Vergleich beider Versuchsstandorte

Die beiden Versuchsstandorte Meyenfeld und Ruthe unterscheiden sich stark hinsichtlich ihrer Bodeneigenschaften.

Der Verlauf der Bodentemperatur im Versuchszeitraum zeigte jedoch keine deutlichen Unterschiede in beiden Böden. Der Sandboden (Meyenfeld) reagierte etwas schneller auf Veränderungen der Lufttemperatur, was auf seine höhere Lagerungsdichte und den geringeren Wassergehalt zurückzuführen ist. Die Amplitude der Temperaturschwankungen wurde in tieferen Bodenschichten erwartungsgemäß flacher. Insgesamt wurde bei den Lysimetersäulen eine Temperaturverteilung über die Tiefe erreicht, die mit der im Feld vergleichbar ist.

Die Abbildungen 8-5 und 8-6 zeigen aber beispielhaft, daß die Wassergehalte in beiden Böden unterschiedlich auf Niederschläge und Austrocknung reagierten.

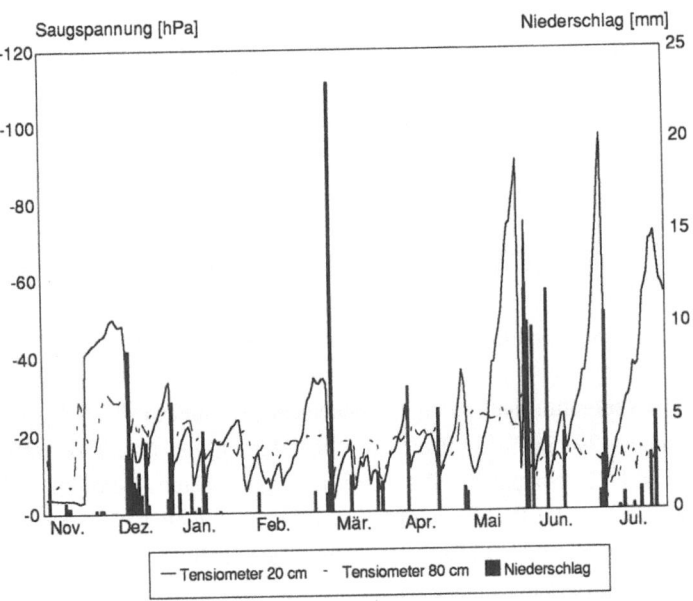

Abb. 8-5. Niederschlag und Bodenwasserspannungen des Lysimeters Ruthe 1

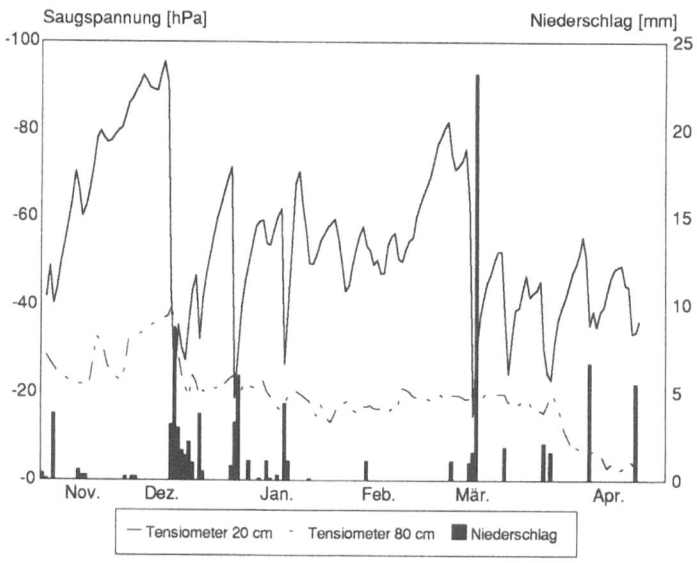

Abb. 8-6. Niederschlag und Bodenwasserspannungen des Lysimeters Meyenfeld 1

Nach Regenereignissen zeigte der Sandboden der Säule Meyenfeld 1 eine schnellere Reaktion der Tensiometer in den oberen Bodenschichten als die Säule Ruthe 1. Die Werte stiegen nach den Niederschlägen schnell wieder an, was die hohe hydraulische Leitfähigkeit verdeutlicht. Ein Wasserstau trat auch nach Starkregenereignissen nicht auf. Der Auenboden (Säule Ruthe 1) reagierte aufgrund der niedrigeren hydraulischen Leitfähigkeit langsamer auf Niederschläge.

Die Bodenwasserspannungen stiegen nach Regenereignissen im Auenboden langsamer als im Sandboden wieder an, und im Bodenkern traten trotz des angelegten Unterdruckes Saugspannungen auf, die auf nahezu gesättigten Fluß hindeuten. Insgesamt lagen die Saugspannungen auf einem niedrigeren Niveau als in der Säule Meyenfeld 1, d. h., die Wassergehalte lagen in den einzelnen Bodenschichten höher.

9 Feldexperimente

9.1 Versuchsdurchführung

Auf 2 Versuchsstandorten mit unterschiedlichen Böden, Meyenfeld (Sand) und Ruthe (Löß), liefen parallel zu den Laborversuchen 2jährige Feldversuche, deren Ziel es war, das Verhalten von PSM in der ungesättigten Zone des Bodenprofils zu erfassen. Die Versuche begannen Mitte März 1991. Auf eine 200 m^2 große Versuchsparzelle wurde ein Gemisch von Terbuthylazin und Pendimethalin sowie Lithiumbromid als Tracer in der gleichen Konzentration wie bei den Lysimeterversuchen ausgebracht.

Die Entnahme von Bodenproben aus unterschiedlichen Tiefen und zu verschiedenen Terminen (1., 7., 14., 28., 56., 112. und 365. Tag nach Applikation) und die Untersuchung auf PSM bzw. Tracer gestatteten, das Verhalten der PSM im Bodenprofil zu verfolgen. Im 2. Versuchsjahr erfolgte am Standort Meyenfeld eine erneute Applikation der PSM auf einer Nachbarparzelle. Für die Beprobung wurde ein spezielles Bohrgerät (Humax) verwendet, um eine Wirkstoffverschleppung bei der Probennahme weitgehend auszuschließen.

<u>Screening des oberflächennahen Grundwassers</u>

Zur Erfassung einer möglichen Kontamination des Grundwassers mit Pflanzenschutzmitteln wurde vor Beginn der Feldversuche Wasser aus dem Aquifer Meyenfeld beprobt (Beprobungstiefe 5 m, 3 Entnahmestellen). Dieser Standort ist durch den hohen Sandanteil und die geringe Krumenmächtigkeit austragsgefährdet.

Zur Bestimmung der PSM-Rückstände erfolgte eine Anreicherung der Wirkstoffe aus den Wasserproben mittels C_{18}-Festphasenextraktion. Es kam eine Multianalysenmethode (Weber und Schramm, 1986; Weber, 1989) zum Einsatz. Die Messungen erfolgten gaschromatographisch mit verschiedenen Detektoren (ECD, NPD).

Um eine sichere Identifizierung der PSM-Wirkstoffe zu erreichen, waren 3 Arbeitsschritte notwendig: Ein *Screening* erlaubte, Anzahl und Art der möglicherweise vorhandenen Wirkstoffe zu ermitteln. Ein Vergleich mit entsprechenden Standards gestattete die *Quantifizierung* der Mengen der jeweiligen Wirkstoffe. Der 3. Arbeitsgang diente der *Überprüfung* und Absicherung der gefundenen Wirkstoffe und deren Konzentrationen.

9.2 Ergebnisse

9.2.1 Grundwasseruntersuchungen

Die Ergebnisse der Grundwasseruntersuchungen auf PSM sind in Tabelle 9-1 zusammengefaßt.

Tabelle 9-1. Ergebnisse der Grundwasseruntersuchungen auf PSM

				Konzentration					
	Screening			Quantifizierung			Überprüfung		
Proben-Nr.	1	2	3	1	2	3	1	2	3
Anzahl Wirkstoffe	8	4	5						
Atrazin [g/l]				n.n.	n.n.	0,02	n.n.	n.n.	0,07
Pendimethalin [µg/l]				0,04	n.n.	0,04	0,05	n.n.	0,06

Die gefundenen Konzentrationen der Wirkstoffe Atrazin und Pendimethalin lagen unterhalb des Grenzwertes der Trinkwasserverordnung von 0,1 µg/l. Es dürfte sich um Rückstände aus früheren Anwendungen auf Mais- bzw. Wintergetreideschlägen auf diesem Standort handeln (Datenerhebung: Schlaggeschichte). Atrazin und Pendimethalin waren hier langjährig angewendet worden. Diese positiven Befunde zeigen, daß der Standort als potentiell austragsgefährdet einzustufen ist.

9.2.2 PSM-Verlagerung im Bodenprofil

9.2.2.1 Standort Meyenfeld

Das Verhalten der applizierten Wirkstoffe im Freilandversuch ist in den Abbildungen 9-1 und 9-2 für den Versuchszeitraum vom 18.04.91 bis zum 30.03.92 dargestellt. Die Nachweisgrenze bzw. die Grenze des praktischen Arbeitsbereiches lag bei 5 µg Aktivsubstanz / kg Boden.

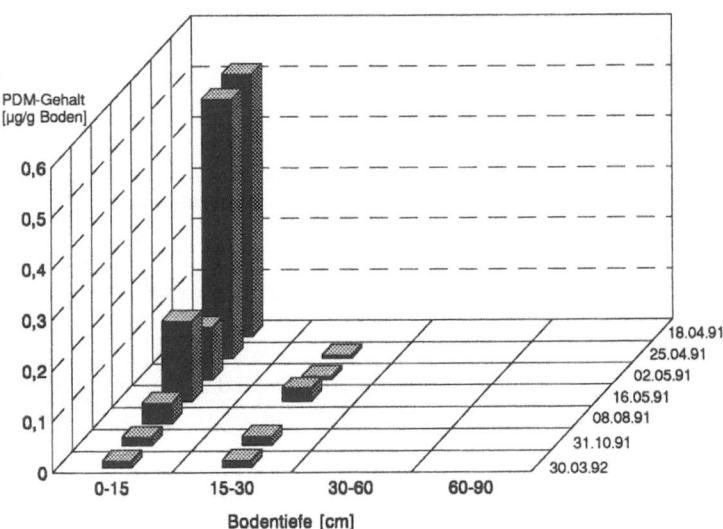

Abb. 9-1. Verlagerung des Wirkstoffes Pendimethalin im Bodenprofil Meyenfeld

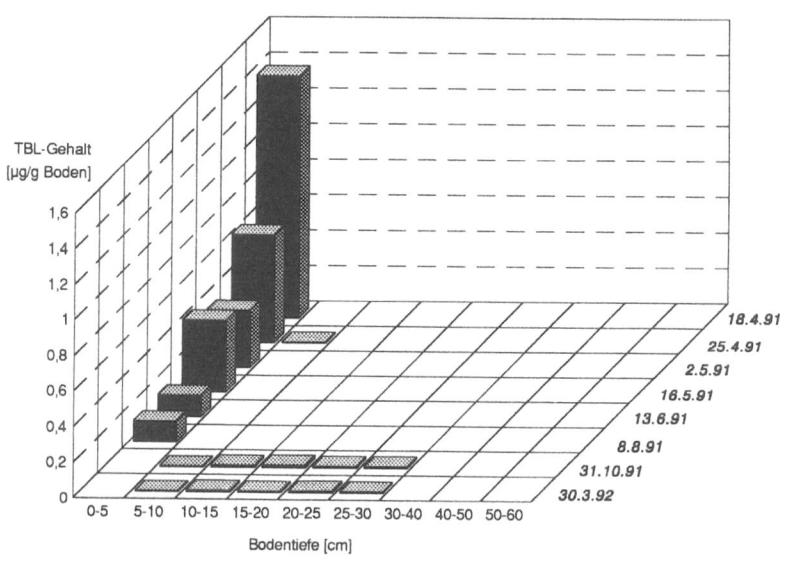

Abb. 9-2. Verlagerung des Wirkstoffes Terbuthylazin (TBL) im Bodenprofil Meyenfeld

Der Meßwert vom 18.04.91 repräsentiert den Initialbelag; die Proben wurden einige Stunden nach der Applikation gezogen. Die Tatsache, daß die Terbuthylazin (TBL)-Konzentration in der 0 bis 5 cm Schicht stetig abnahm, deutet auf Abbau als maßgeblichen Eliminierungsmechanismus hin. Die Bodenart (schwach schluffiger Sand) begünstigte in diesem Fall den Abbau durch Mikroorganismen aufgrund eines günstigen Luft-, Wasser- und Temperaturhaushaltes. Eine Verlagerung unterhalb der Beprobungstiefe (bis 100 cm) ist auszuschließen, da in Tiefen von mehr als 30 cm keine Wirkstoffe mehr nachgewiesen werden konnten. Der Wirkstoff Pendimethalin (PDM) zeigt insgesamt eine etwas höhere Mobilität, was sich in höheren Konzentrationen in den Bodenschichten von 15 bis 30 cm zu Versuchsbeginn ausdrückte. Die mittleren Verteilungskoeffizienten (K_d-Werte) der beiden Wirkstoffe ließen jedoch eine geringere Mobilität von PDM gegenüber TBL erwarten.

Die Ergebnisse zeigen, daß die Gefahr einer Kontamination des Grundwassers durch PDM und TBL am Standort Meyenfeld im Jahr 1991 gering war. Es ist jedoch zu berücksichtigen, daß es sich um ein niederschlagsarmes Jahr handelte und daß aus diesem Grund die PSM-Verlagerung, die im wesentlichen mit dem Sickerwasser erfolgt, sehr gering war. Hier müssen Modellrechnungen unter Berücksichtigung verschiedener Szenarien (z. B. höhere Niederschlagsmengen) zeigen, wie sich die Wirkstoffe im jeweiligen Fall verhalten.

9.2.2.2 Standort Ruthe

Die Applikation am Standort Ruthe erfolgte zum selben Termin (18.04.91) wie in Meyenfeld. Die den Initialbelag repräsentierenden Meßwerte (Probennahme Tag 1) von Terbuthylazin (0,372 µg/g Boden) bzw. Pendimethalin (0,512 µg/g Boden) (Abbildungen 9-3 und 9-4) lagen im Vergleich zu den theoretischen Berechnungen zu niedrig. Die Ursache liegt darin begründet, daß zum Applikationszeitpunkt ein 5 bis 10 cm hoher Pflanzenbestand vorhanden war, von dem ein Teil des Wirkstoffs verdunstete bzw. aufgenommen wurde. Bei der anschließenden Probennahme im Boden wurde dieser Verlust nicht berücksichtigt. Es muß von einer rechnerischen Anfangskonzentration von TBL (0,483 µg/g Boden) und von PDM (0,657 µg/g Boden), bezogen auf die Bodenschicht 0 bis15 cm, ausgegangen werden.

Für beide Wirkstoffe zeigt sich, daß die Verlagerung im Versuchszeitraum im wesentlichen nur bis 30 cm Bodentiefe stattgefunden hat. Unterhalb dieser Schicht sind die PSM nur noch in geringen Mengen nachzuweisen. Die positiven Befunde für TBL vom 8.8.91 (60 bis 90 cm) und vom 31.10.91 (30 bis 60 cm) sind vermutlich auf eine Verschleppung bei der Probennahme zurückzuführen. Eine mögliche Ursache für die PDM-Funde in 30 bis 90 cm Tiefe am 8.8.91 und 31.10.91 könnte bevorzugter Fluß in Makroporen (Wurmgänge, Schrumpfrisse u. a.) sein. Der bindige Auenboden in Ruthe neigt bei Trockenheit sehr stark zur Schrumpfrißbildung; es wurden während des Sommers Risse bis zu 50 cm Tiefe ermittelt.

Die beiden Wirkstoffe verhielten sich an diesem Standort bezüglich Abbau und Verlagerung ähnlich. Insgesamt läßt sich eine etwas geringere Verlagerungsneigung als in Meyenfeld erkennen, was wahrscheinlich in der niedrigeren hydraulischen Leitfähigkeit begründet liegt.

Der Abbau durch Mikroorganismen, als Hauptkomponente des Wirkstoffverlustes, ist gegenüber dem Standort Meyenfeld verzögert. Demzufolge lassen sich im Laufe des Jahres relativ hohe Wirkstoffmengen nachweisen. Durch den hohen Feinporenanteil von 20 % (Meyenfeld: 5 %) sind die adsorbierten PSM nur langsam desorbierbar, d.h. für die Mikroorganismen schlechter angreifbar. Zum Versuchsende waren beide Wirkstoffe in den beprobten Tiefen nicht mehr nachweisbar. Insgesamt ist der Standort Ruthe als wenig austragsgefährdet anzusehen. Im Einzelfall muß jedoch die Verlagerung in Makroporen in Betracht gezogen werden, insbesondere dann, wenn nach einer längeren Trockenphase appliziert wird und dann Niederschläge auftreten. Unter diesen Bedingungen kann am Standort Ruthe eine größere Tiefenbewegung als am Standort Meyenfeld auftreten.

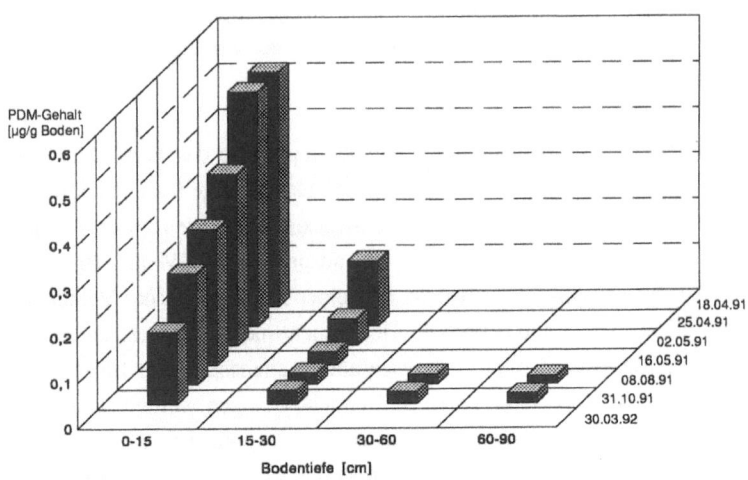

Abb. 9-3. Verlagerung des Wirkstoffes Pendimethalin (PDM) im Bodenprofil Ruthe

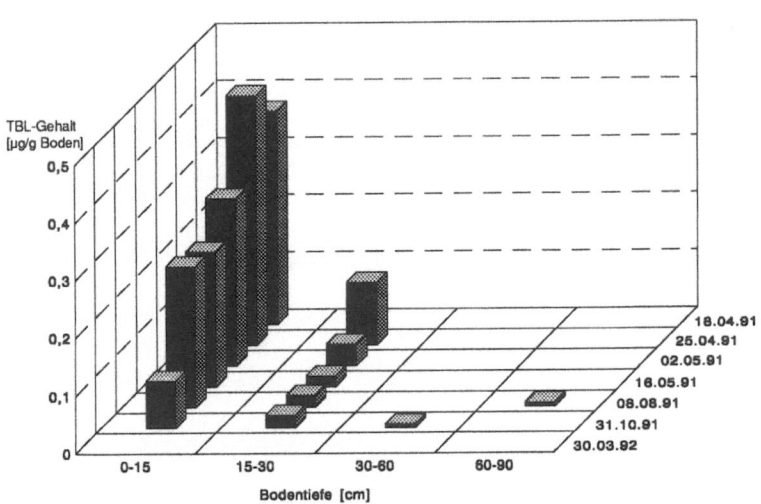

Abb. 9-4. Verlagerung des Wirkstoffes Terbuthylazin (TBL) im Bodenprofil Ruthe

10 Simulationsmodelle

10.1 Modellhierarchie

Grundlage einer mathematischen Beschreibung der Ausbreitung von wasserlöslichen Substanzen in porösen Medien sind Bilanzgleichungen oder Bewegungsgleichungen für das Wasser und für die Inhaltsstoffe. Je nach Fragestellung ist eine größere oder geringere räumliche und zeitliche Diskretisierung erforderlich. Beispielsweise bringt für eine globale Stoffbilanzierung eines landwirtschaftlich einseitig genutzten Einzugsgebietes eine starke räumliche Diskretisierung keine Vorteile, wenn die räumlich aufgegliederten Eintragsdaten über mehrere Jahre in der Vergangenheit nicht vorliegen. Somit ergeben sich auf die jeweilige Fragestellung zugeschnittene unterschiedliche Modelltypen.

<u>Mixed-cell-Modelle</u>

Der einfachste Modelltyp ist ein Mischungsmodell (Mixed-cell-Modell). Hier wird die Mischkonzentration $c(t)$ in einem Volumenelement aufgrund der Bilanz von Zu- und Abflüssen bestimmt. Sorptionsprozesse, chemische Reaktionen sowie mikrobiologischer Abbau können berücksichtigt werden. Man unterscheidet zwischen Single-cell- und Multi-cell-Modellen. Das Single-cell-Modell beruht auf der Annahme, daß im gesamten betrachteten Element stets vollkommene Durchmischung herrscht. Eine räumliche Differenzierung der Stoffkonzentration ist nicht möglich. Für die Anwendung des Modells ist eine genaue Kenntnis bzw. Modellierung der Strömungsverhältnisse nicht erforderlich; die Kenntnis der Wasserbilanz ist ausreichend. Das Modell eignet sich zur Bilanzierung flächig eingetragener Stoffe wie Nitrat und PSM in größeren Gebieten und gibt eine Grobabschätzung der globalen Grundwasserbelastung (Mercado, 1976).

Das Multi-cell-Modell erlaubt eine räumliche Differenzierung der Schadstoffkonzentration. Hierzu ist allerdings eine genaue Kenntniss der Wasserbewegung notwendig.

Eindimensionale Modelle

Eindimensionale Modelle gestatten eine Differenzierung nach einer Hauptströmungsrichtung. Sie erfordern als Rand- und Anfangsbedingung Kenntnisse der Strömungsgeschwindigkeit und der Stoffkonzentration entlang einer Stromlinie. Solche Modelle eignen sich z. B. zur Berechnung des vertikalen Transports in der ungesättigten Bodenzone oder zur Auswertung von Säulenversuchen im Labor und in grober Näherung auch für die Beschreibung des Transports längs Stromfäden bei großräumigeren Untersuchungen.

Zweidimensionale Modelle

Zweidimensionale Modelle werden sowohl als Horizontal- als auch als Vertikalschnittmodelle eingesetzt. Das Horizontalmodell setzt eine horizontale Wasserbewegung voraus. Diese liegt näherungsweise bei großräumigen (regionalen) Grundwasserproblemen vor, bei denen die horizontalen Abmessungen des Gebietes sehr viel größer sind als die vertikalen, so daß über die Tiefe integriert werden kann. Die Berechnung des Stofftransports erfolgt mit einer mittleren Geschwindigkeit über die gesamte Tiefe des Aquifers gleichmäßig verteilt. Vertikalschnittmodelle können sowohl im Bereich der ungesättigten Bodenzone als auch im Grundwasser eingesetzt werden.

Dreidimensionale Modelle

Dreidimensionale Modellierungen konzentrieren sich vornehmlich auf den Grundwasserbereich, wie z. B. auf das Nahfeld von Schadstoffquellen und Entnahmebrunnen, wo eine Dimensionsreduzierung i. allg. nicht möglich ist. Bei kleinräumigen Untersuchungen läßt sich unter Umständen auch die ungesättigte Bodenzone einbeziehen.

10.2 Modelle für die ungesättigte Bodenzone

Die mathematischen Modelle verwenden z. T. unterschiedliche Ansätze zur Beschreibung des Abbau-, Sorptions- und Transportverhaltens. Je nach Komplexität der Modelle können Research-, Screening- und Managementmodelle unterschieden werden.

Bei den Researchmodellen handelt es sich häufig um komplexe Ansätze, die die physikalischen und chemischen Prozesse im Boden detailliert beschreiben. Diese Modelle können fast nur für die Auswertung von Laboruntersuchungen angewendet werden, da die erforderlichen Modellparameter für Feldexperimente häufig nicht in der notwendigen Genauigkeit ermittelt werden können bzw. verfügbar sind. Diese Modelle sind daher für die Prognostizierung der PSM-Verlagerung unter Feldbedingungen meistens ungeeignet.

Screeningmodelle erfordern dagegen nur eine geringe Anzahl von Eingabeparametern. Ferner werden im allgemeinen nur einige wesentliche Prozesse berücksichtigt (Blume und Brümer, 1987; Jury et al., 1987). Diese Modelle ermöglichen daher häufig auch nicht eine quantitative Berechnung der Verlagerung, sondern lediglich den Vergleich der Verlagerungsgeschwindigkeit zweier Stoffe.

Managementmodelle stellen eine Zwischenstufe zwischen Research- und Screeningmodellen dar. Diese Modelle sind auf die in der Praxis verfügbaren Parameter abgestimmt und können z. B. die Verlagerung von Stoffen im Bodenprofil unter Feldbedingungen berechnen. Nach einer entsprechenden Kalibrierung und Validierung dieser Modelle können quantitative Aussagen getroffen werden.

Aus der Literatur sind Research- und Managementmodelle bekannt, die für verschiedene Fragestellungen eingesetzt werden. Zu den Researchmodellen zählen z. B. CALF (Nicholls et al., 1982), LEACHM (Wagenet und Hutson, 1989) und EQUI (Boesten, 1986), zu den Managementmodellen GLEAMS (Knisel et al., 1989), und SESOIL (Bonazountas et al., 1984). Einen Überblick über die für die einzelnen Modelle jeweils benötigten Parameter gibt Tabelle 10-1. Als wichtigste Größen für die Verlagerung von PSM im Bodenprofil sind Advektion (Transport), Sorption und Abbau anzusehen.

Tabelle 10-1. Zusammenstellung bekannter Simulationsmodelle und der jeweils erforderlichen Parameter. (Aus Dibbern und Pestemer, 1992)

Prozesse / Faktoren	PRZM	GLEAMS	CALF	EQUI	SESOIL	LEACHM
Transport	CDE* (Feldkapazität; Welkepunkt)	Speicherzellenmodell (Feldkapazität; Welkepunkt)	2-Regionenmodell (Feldkapazität; Wassergehalt bei 2 bar)	CDE* (Feldkapazität; minimaler Wassergehalt)	CDE* (gesättigte Wasserleitfähigkeit; k_f-Wert)	Richards-Gleichung (gesättigte Wasserleitfähigkeit; k_f-Wert)
Abbau	1.Ordnung (Halbwertszeit)	1.Ordnung (Halbwertszeit)	1.Ordnung (E-, A- und B-Werte)	1.Ordnung (Halbwertszeit)	1.Ordnung (Halbwertszeit 20°C)	1.Ordnung (Halbwertszeit)
Sorption	k_d-Wert (konstant)	k_{OC}-Wert (konstant)	k_d-Wert (variabel)	Freundlich-Isotherme (k_f und n-Wert)	Freundlich-Isotherme k_{OC}- oder k_d-Wert (k_f und n-Wert)	k_d-Wert (konstant)
Evaporation	pot. Evaporation (täglich)	solare Strahlung (monatlich)	pot. Evaporation (täglich)	akt. Evaporation (täglich)	akt. Evaporation (monatlich)	pot. Evaporation (wöchentlich)
Aufteilung in Horizonte	5	7	1	1	6	28
Berücksichtigung von: Dispersivität	ja	nein	nein	ja	nein	ja
Diffusion in Bodenlösung	nein	nein	nein	ja	4	ja
Metaboliten	nein	2	nein	nein	nein	4
Pflanzenwachstum	ja	nein	nein	nein	nein	ja
Mehrfacher Applikation	ja	ja	nein	nein	ja	ja
Volatilisation	nein	nein	nein	nein	nein	ja

*CDE = Convection Dispersion Equation

Das Programm PRZM bzw. die Weiterentwicklung PELMO findet im Zulassungsverfahren Verwendung, um das mögliche Eindringen eines PSM-Wirkstoffes in das Grundwasser zu berechnen. Daher wurde es auch im Rahmen dieses Projektes ausgewählt. Um mit solchen Modellen eine sichere Prognose geben zu können, müssen bodenkundliche, hydrogeologische und klimatische Eingabegrößen bekannt sein. Ferner ist eine Kalibrierung und Validierung der Modelle unerläßlich.

10.3 Modelle für das Grundwasser

Die Entwicklung der numerischen Rechenmodelle für das Grundwasser erfolgte Anfang der 70er Jahre. Zunächst waren es reine Strömungsmodelle (Pinder, 1968; Prickett und Lonnquist, 1971 (PLASM)). Wohl am weitesten verbreitet sind die Modelle MODFLOW (Mc Donald und Harbaugh, 1988) und HST 3 D (Kipp, 1987) vom USGS (US-Geological Survey). In den 80er Jahren kamen dann die Transportmodelle dazu. Hier sind MOC (Konikow und Bredehoeft, 1978) und RANDOM-WALK (Prickett et al. 1981) am bekanntesten.

Diese grundlegenden Modelle wurden im Laufe der Zeit ständig verbessert und erweitert. Versehen mit graphischen Oberflächen werden sie in verschiedenen Varianten kommerziell angeboten. Eine Auswahl der auf dem Markt befindlichen Modelle und die für die einzelnen Modelle jeweils benötigten Parameter zeigt Tabelle 10-2. Die wichtigsten Größen für die Simulation der Ausbreitung von PSM im Grundwasser sind die Grundwasserfließgeschwindigkeit (Transport), Sorption und Abbau.

Tabelle 10-2. Zusammenstellung bekannter Simulationsmodelle für das Grundwasser

Modell	MODFLOW	FEFLOW	AGUA	SICK 100	SUTRA	MOC	HST 3 D	RANDOM WALK
Strömungsmodell	X	X	X	X	X	X	X	
Dimension	3	3	3	3	2	2	3	2
Instationäre Strömung	X	X	X	X	X			
Dichteströmung		X			X			
Gesättigte Bodenzone	X	X	X	X	X	X		
Ungesättigte Bodenzone					X			
Transportmodell	X	X	X				X	X
Advektion	X	X	X				X	X
Dispersion		X	X				X	X
Sorption		X	X				X	X
Temperatur-ausbreitung			X		X		X	

11 Modellrechnungen in der ungesättigten Bodenzone

11.1 Modell PETMOS

Die bei den Versuchen auf den Standorten Meyenfeld und Ruthe verwendeten Pflanzenschutzmittel Terbuthylazin und Pendimenthalin waren im Jahr 1991 nur wenige cm in den Boden eingedrungen. Die Simulation der Wasserbewegung und des Transports einschließlich der irreversiblen Adsorption und des Abbaus erforderte ein hochauflösendes und sehr detailliertes Modell.

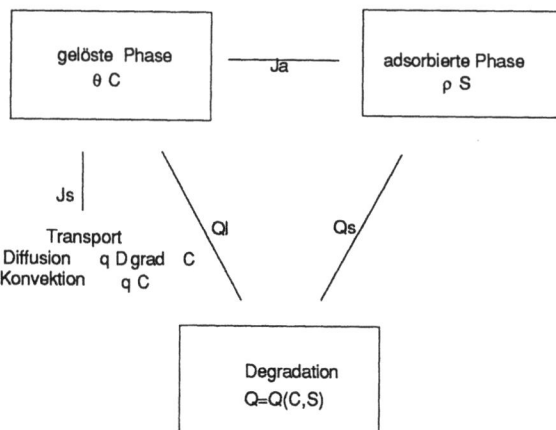

Abb. 11-1. Flüsse im modellierten System

Das Modell beschreibt, wie in Abbildung 11-1 dargestellt, die Vorgänge in einer eindimensionalen Bodensäule der Länge L, mit dem Wassergehalt θ und einer Lagerungsdichte ρ. Gelöste, nicht wechselwirkende Teilchen werden mit einer Konzentration C in der flüssigen Phase durch Diffusion, Dispersion und Konvektion transportiert, während gleichzeitig Teilchen mit der Konzentration S von der Bodenmatrix adsorbiert werden; zudem kann ein physikalischer, chemischer oder mikrobieller "Abbau" der Teilchen stattfinden.

11.1.1 Mathematische Grundlagen

Die Grundlage einer mathematischen Beschreibung der Ausbreitung von im Sickerwasser befindlichen Inhaltsstoffen bilden zwei partielle Differentialgleichungen vom Typ der Diffusions-Advektions-Gleichung. Die eine Gleichung beschreibt die Sickerwasserbewegung, die andere den Stofftransport.

Die Differentialgleichung zur Berechnung der Sickerwasserbewegung ergibt sich aus dem Darcy-Gesetz (Kapitel 5, Gleichung 5-1) und der Kontinuitätsgleichung

$$\frac{\partial \theta}{\partial t} = \frac{\partial}{\partial z}\left[k_{fu} \cdot \frac{\partial}{\partial z}(\Psi + z)\right] = \frac{\partial}{\partial z}\left[\frac{k_{fu}}{\omega} \cdot \frac{\partial \theta}{\partial z} + k_{fu}\right] \qquad (11\text{-}1)$$

mit: $\omega = \dfrac{\partial \theta}{\partial \Psi}$ spez. Wasserkapazität

Ψ Kapillarspannung

θ Wassergehalt

(Wood und Davidson, 1975; Bear ,1979; Dullien, 1979; Rao und Jessup, 1982).

Die Lösung der Gleichung gibt den Wassergehalt θ im Boden als Funktion des Ortes und der Zeit an. Als Parameter vorzugeben für die auf numerischem Wege erfolgende Lösung sind die hydraulische Leitfähigkeit k_{fu} und die spezifische Wasserkapazität ω jeweils als Funktion des Wassergehaltes.

Geeignete analytische Formeln für die hydraulische Leitfähigkeit und die spezifische Wasserkapazität in Abhängigkeit vom Wassergehalt findet man bei Van Genuchten (1980) und Mualem (1976). Van Genuchten gibt eine analytische Beziehung an zwischen dem Wassergehalt und der Kapillarspannung ψ (pF-Kurve) und deren Ableitung (spezifische Wasserkapazität).

$$\omega = \frac{m \cdot \alpha}{1-m} \cdot (\theta_s - \theta_r) \cdot \Theta^{\frac{1}{m}}\left[1 - \Theta^{\frac{1}{m}}\right]^m \qquad (11\text{-}2)$$

mit $\Theta = (\theta - \theta_r)/(\theta_s - \theta_r)$ \qquad (11-3)

wobei θ_s Wassergehalt bei Vollsättigung   (pF = 0)
   θ_r Wassergehalt bei Restsättigung (pF = 4,2)
   m, α   Konstanten

Die Parameter m und α sind an experimentell gewonnene pF-Kurven anzupassen.

Die Gleichung von Mualem (1976) stellt einen Zusammenhang zwischen der ungesättigten hydraulischen Leitfähigkeit k_{fu} und der Kapillarspannung her, so daß sich zusammen mit der Van Genuchten-Kurve die Abhängigkeit der hydraulischen Leitfähigkeit vom Wassergehalt ergibt.

$$k_{fu} = k_f \cdot \sqrt{\Theta} \cdot \left[1 - \left(1 - \Theta^{\frac{1}{m}}\right)^m\right]^2 \tag{11-4}$$

Die Differentialgleichung für den Stofftransport lautet:

$$\frac{\partial C}{\partial t} + \frac{\rho}{\theta} \cdot \frac{\partial S}{\partial t} = \frac{\partial}{\partial z}\left(D_d \cdot \frac{\partial C}{\partial z} - v_f \cdot C\right) - \frac{\partial m}{\partial t} \tag{11-5}$$

wobei   C   Konzentration in der gelösten Phase
   S   Konzentration in der sorbierten Phase
   ∂m/∂t   abgebaute Wirkstoffmasse
   ρ   Dichte des Bodens (Lagerungsdichte)
   θ   Wassergehalt
   D_d Dispersionskoeffizient
   v_f Filtergeschwindigkeit

Adsorption und Desorption können als kinetischer Gleichgewichts- oder Nichtgleichgewichtsprozeß dargestellt werden, je nachdem, ob der Vorgang im Vergleich zur Transportgeschwindigkeit schnell oder langsam abläuft. Die entsprechenden Gleichungen sind in Kapitel 5 gegeben, ebenso die Ansätze für den Abbauterm.

11.1.2 Modellparameter

Für das Modell PETMOS werden folgende Parameter benötigt, die für jeden Simulationslauf explizit als Systemwerte bzw. als Anfangsbedingungen vorzugeben sind:

- Anzahl Diskretisierungspunkte,
- Dimensionen der Bodensäule,
- gesättigte und residuale Wassergehalte,
- gesättigte hydraulische Leitfähigkeit,
- Van Genuchten-Parameter,
- longitudinale Dispersivität,
- Lagerungsdichte,
- Adsorptionskoeffizienten und -raten,
- Degradationskoeffizienten,
- Anfangswerte für Wirkstoffkonzentration und Wassergehalt,
- aufgebrachte Wirkstoffmasse pro Fläche,
- Wasserfluß am oberen Rand (Niederschlagswerte).

Abgesehen von Dispersivität und Lagerungsdichte ließen sich alle Parameter, die mit der Bodentiefe variieren können, tiefenabhängig aufschlüsseln. Bis auf die Van-Genuchten-Parameter und die Degradationskoeffizienten wurden alle Parameter gemessen. Die Werte für die als Ausnahmen genannten Parameter resultierten aus einem Eichvorgang.

11.1.3 Van Genuchten-Parameter

Die Abbildungen 11-2 und 11-3 zeigen Beispiele für Fits des Van Genuchten-Modells an Meßdaten für je 2 verschiedene Versuchsstandorte in jeweils 5 unterschiedlichen Tiefen. Die Symbole bezeichnen die Meßpunkte, die Kurven die aus der Anpassung resultierenden Funktionen; die Werte bei pF 0 stellen jeweils den gesättigten, die bei pF 4,2 den residualen Wassergehalt dar.

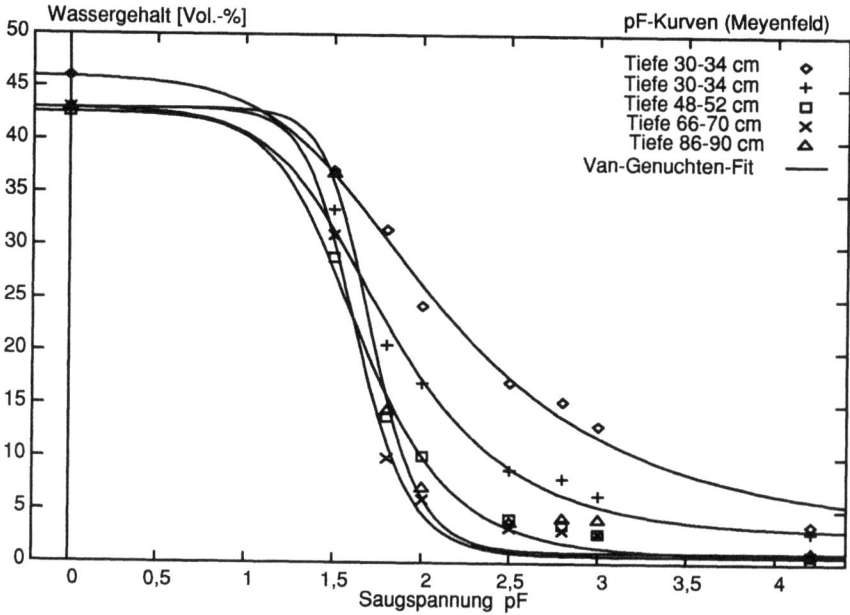

Abb. 11-2. Gemessene und berechnete pF-Kurven, Standort Meyenfeld

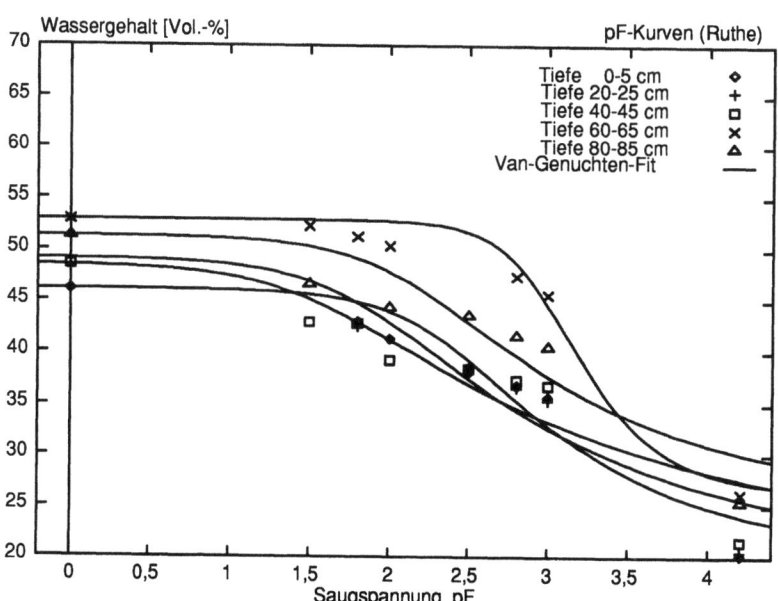

Abb. 11-3. Gemessene und berechnete pF-Kurven, Standort Ruthe

In den Tabellen 11-1 und 11-2 sind die Werte der Van Genuchten-Parameter für beide Standorte in verschiedenen Tiefen nach Optimierung der Anpassung aufgelistet. Einen Eindruck von der Güte der Fits erhält man aus der in Spalte 4 gegebenen Zielfunktion. Bei exakter Übereinstimmung mit den Meßdaten ist diese Null.

Tabelle 11-1. Van Genuchten-Parameter, Standort Meyenfeld

Tiefe [cm]	α	m	Zielfkt.
5-9	0,035650	0,313237	0,003931
30-34	0,034375	0,440883	0,003637
48-52	0,035361	0,539528	0,003175
66-70	0,027840	0,695520	0,005297
86-90	0,022324	0,719791	0,008086

Tabelle 11-2. Van Genuchten-Parameter, Standort Ruthe

Tiefe [cm]	α	m	Zielfkt.
0-5	0,004594	0,309831	0,026915
20-25	0,015719	0,237055	0,029280
40-45	0,031119	0,194340	0,045806
60-65	0,001014	0,532160	0,008824
80-85	0,008032	0,260656	0,044535

Die Anpassung ergibt für den Standort Meyenfeld etwa um eine Dezimalstelle bessere Werte als für den Standort Ruthe, trotzdem kann man in beiden Fällen von sehr guter Übereinstimmung mit den Meßdaten sprechen. Der schlechteste Wert der Zielfunktion wich um weniger als 5 % vom Optimum ab. Diese Näherung wurde als ausreichend erachtet.

11.1.4 Degradationskoeffizienten

Ziel erster Testläufe war die Ermittlung des Degradationskoeffizienten und der gemessenen Verlagerungen des Wirkstoffs im Boden.

Die Abbildungen 11-4 bis 11-7 zeigen Beispiele für solche Fits an 2 Versuchsstandorten und für je 2 Wirkstoffe, wobei über die gesamte Bodentiefe aufsummierte Konzentrationen verwendet wurden. Die Symbole bezeichnen hier die aus den im Feld gemessenen Konzentrationen durch Vorwärtsdifferenzen berechneten Abbauraten, die Kurven die aus der Anpassung resultierenden Funktionen. Von den in Abschnitt 5.1.4 aufgeführten Abbaumodellen sind jeweils nur solche gezeigt, die numerisch stabile Parameterwerte ergeben und sich nicht auf einfachere Modelle reduzieren lassen. Bei dem "Kombinationsmodell" handelt es sich um eine additive Überlagerung von Potenzraten- und Inhibitionskinetik: Die Parameter λ_1 und λ_2 sind die gleichnamigen Parameter des Potenzratengesetzes, λ_3 bis λ_6 entsprechen den Parametern λ_1 bis λ_4 des Inhibitionsmodells. Auf diese Weise sollte einer möglichen Überlagerung verschiedener Abbauprozesse Rechnung getragen werden, wobei auch die Reaktion 1. Ordnung und der hyperbolische Ansatz miterfaßt sind, da sie lediglich Spezialfälle des Potenzraten- bzw. Inhibitionsmodells sind.

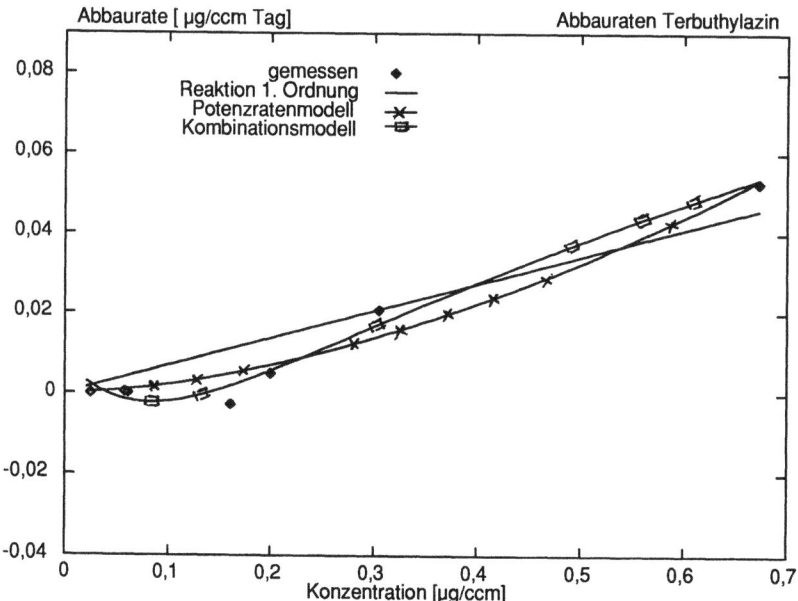

Abb. 11-4. Gemessene und berechnete Abbauraten für Terbuthylazin am Standort Meyenfeld

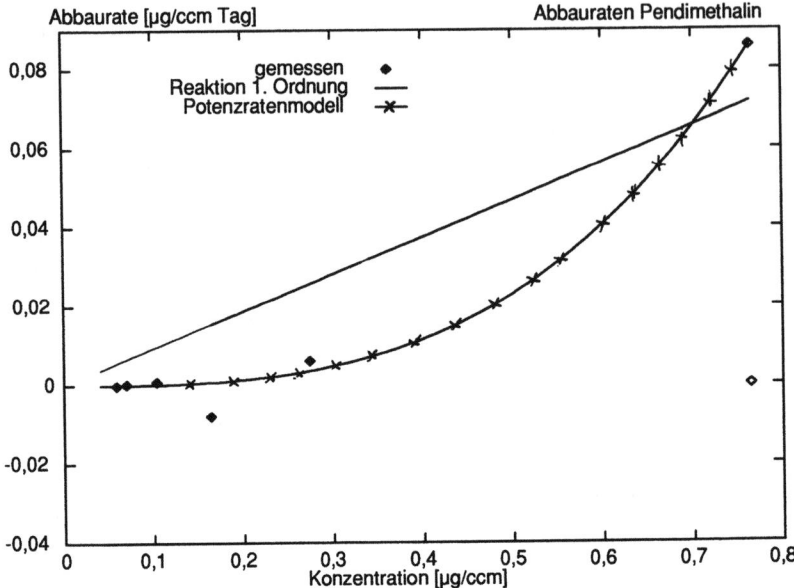

Abb. 11-5. Gemessene und berechnete Abbauraten für Pendimethalin am Standort Meyenfeld

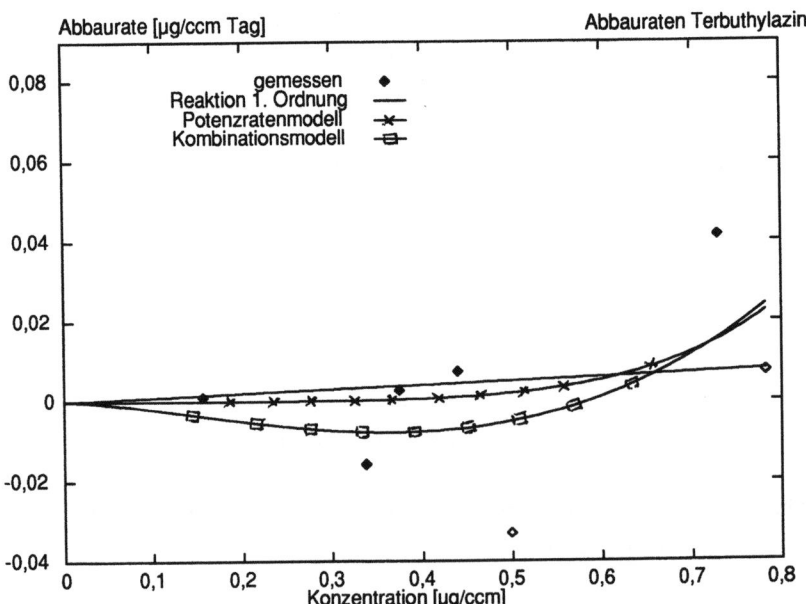

Abb. 11-6. Gemessene und berechnete Abbauraten für Terbuthylazin am Standort Ruthe

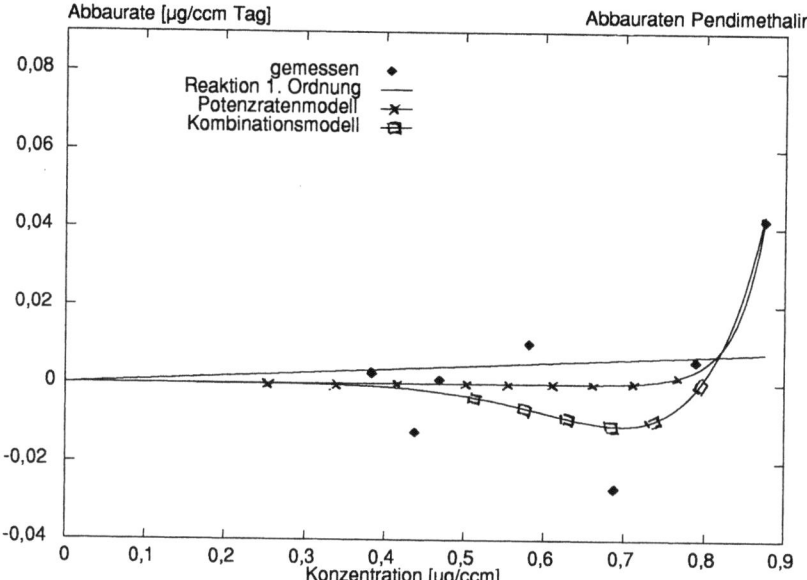

Abb. 11-7. Gemessene und berechnete Abbauraten für Pendimethalin am Standort Ruthe

Die Tabellen 11-3 bis 11-6 zeigen die Ergebnisse des Anpassungsprogramms (Fitting-Parameter), wobei nur die brauchbaren Modellansätze aufgeführt sind.

Tabelle 11-3. Degradationsparameter für Terbuthylazin am Standort Meyenfeld

Abbaumodell	λ_1	λ_2	λ_3	λ_4	λ_5	λ_6	Zielfunkt.
Reaktion 1. Ordnung	0,0681	-	-	-	-	-	0,000171
Potenzraten-modell	0,104	1,68	-	-	-	-	0,000053
Kombinations-modell	0,106	0,471	-0,116	0,139	0,37	0,97	0,000023

Tabelle 11-4. Degradationsparameter für Pendimethalin am Standort Meyenfeld

Abbaumodell	λ_1	λ_2	λ_3	λ_4	λ_5	λ_6	Zielfunkt.
Reaktion 1. Ordnung	0,0936	-	-	-	-	-	0,000639
Potenzratenmodell	0,198	3,11	-	-	-	-	0,000040
Kombinationsmodell	-	-	-	-	-	-	0,000023

Tabelle 11-5. Degradationsparameter für Terbuthylazin am Standort Ruthe

Abbaumodell	λ_1	λ_2	λ_3	λ_4	λ_5	λ_6	Zielfunkt.
Reaktion 1. Ordnung	0,00988	-	-	-	-	-	0,001494
Potenzratenmodell	0,0866	5,53	-	-	-	-	0,001218
Kombinationsmodell	0,149	2,70	-1,52	6,0	2,66	-0,687	0,001061

Tabelle 11-6. Degradationsparameter für Pendimethalin am Standort Ruthe

Abbaumodell	λ_1	λ_2	λ_3	λ_4	λ_5	λ_6	Zielfunkt.
Reaktion 1. Ordnung	0,00895	-	-	-	-	-	0,001283
Potenzratenmodell	1,05	24,1	-	-	-	-	0,000501
Kombinationsmodell	0,432	8,28	-2,45	7,66	0,944	-5,49	0,000367

In allen Fällen liefert das Kombinationsmodell die beste Anpassung, das Potenzratenmodell liegt knapp dahinter, und die Reaktion 1. Ordnung ist meistens um eine Zehnerpotenz schlechter, aber immer noch als recht gut zu bezeichnen. Wird jedoch die Anzahl der Parameter betrachtet, mit denen die einzelnen Modelle ausgestattet sind, wandelt sich das Bild: Das Potenzratenmodell erreicht mit nur 2 Parametern fast die gleiche Qualität wie das Kombinationsmodell mit 6 und ist diesem deshalb vorzuziehen. Ist die benötigte Genauigkeit nicht übermäßig hoch oder liegen von vornherein nur unsichere oder ungenaue Meßdaten vor, reicht die Reaktion 1. Ordnung mit lediglich einem Parameter aus.

11.2 Modell PRZM

Für die weiteren Simulationsrechnungen der Stoffverlagerung in der ungesättigten Bodenzone wurde das von Carsel et al. (1984) entwickelte **Pesticide Root Zone Model (PRZM)** eingesetzt, da das im Rahmen des Projekts von der Arbeitsgruppe Osnabrück entwickelte Modell PETMOS auf Grund der hohen räumlichen und zeitlichen Auflösung bei großen Flurabständen und langen Simulationszeiträumen extrem lange Rechenzeiten benötigte. Verwendet wurde eine Modellversion des Fraunhofer-Instituts (Klein et al., 1988), die auch im Zulassungsverfahren für PSM zur Abschätzung der Verlagerung benutzt wird.

Als Eingabedaten für das PRZM werden für den Boden die Anzahl der Horizonte und deren Mächtigkeit sowie die jeweiligen Bodeneigenschaften benötigt. Dazu gehören: Lagerungsdichte, Korngröße, Gehalt an organischem Kohlenstoff und Anfangswassergehalt. Ferner sind folgende Angaben erforderlich: PSM-Applikation (Menge, Zeit, Einarbeitung), Durchwurzelungstiefe, angebaute Kulturen (Aussaat, Reifetermin, Erntetermin), Bodenprofiltiefe, Horizontmächtigkeiten. Alle diese Daten werden in einer Applikationsdatei abgelegt.

In einer Klimadatei sind tägliche Niederschlags- und Temperaturwerte gespeichert. Die benötigten Substanzdaten müssen in einer Chemikaliendatei verfügbar sein. Dazu gehören Angaben zur Löslichkeit, zur Sorption (K_{oc}-Wert) und zum Abbau (Abbaukonstante).

11.2.1 Simulationsrechnungen

Die Überpüfung der Anwendbarkeit des ausgewählten Modells erfolgte zunächst an den Standorten Meyenfeld und Ruthe. Im weiteren wurden die Untersuchungen dann auf Boden- und Klimaverhältnisse, wie sie im Untersuchungsgebiet Hausen vorliegen, ausgedehnt.

11.2.1.1 Sensitivitätsanalysen

Im Rahmen der Sensitivitätsanalyse wird überprüft, wie das Modell auf Variation von Eingabeparametern reagiert, d. h., auf welche Parameteränderungen es besonders empfindlich reagiert und welche Parameter die Ergebnisse weniger stark beeinflussen. Es wurde ein Szenario gewählt, daß den Bedingungen eines Feldversuchs auf den Versuchsflächen der BBA (Biologische Bundesanstalt für Land- und Forstwirtschaft) entspricht. Der Variation der Eingabeparameter erfolgte in einem realitätsnahen Bereich.

Die Sensitivitätsanalyse führt zu einer Wertung bzw. zu einer Wichtung der Parameter, die nicht allgemeingültig ist, sondern nur für die betrachtete Kombination von Klima, PSM und Bodeneigenschaften gilt. Andere Parameterkombinationen können auf anderen Standorten deshalb zu einer differierenden Wichtung führen. Es wurden nur Einzelwirkungen variierter Parameter untersucht, nicht jedoch Wechselwirkungen der Parameter untereinander.

Als Basisgrößen für die Rechenläufe wurden folgende Daten verwendet (Dibbern, 1992):

Boden:	Lößboden der BBA-Versuchsfläche (Parabraunerde)
Klima:	Meteorologische Daten Braunschweig
PSM:	Sorptionskonstante (K_d-Wert) 1 mg/l
	Halbwertszeit (DT_{50}) 50 Tage
Simaulations-	
zeitraum:	Herbst bis Frühjahr
-dauer:	bis 200 Tage nach Applikation

Die Ergebnisse der Simulationsrechnungen sind als Konzentrationskurven über die Bodentiefe in Abbildung 11-8 dargestellt. Es wird deutlich, daß unter den gewählten Rahmenbedingungen die Faktoren Sorption, Halbwertszeit, Niederschlag und

Dispersivität einen großen Einfluß auf die Größe der Konzentration und auf die Lage des Konzentrationspeaks haben. Bei einer Reduzierung der Halbwertszeit auf 50 % des Ausgangswertes vermindert sich die Konzentration des Wirkstoffs drastisch. Die Auswirkungen auf die Verlagerungstiefe sind dagegen gering.

Anders sieht es bei der Variation des Parameters Niederschlag aus. Hier zeigen sich sowohl Auswirkungen auf die Konzentration (Verdünnung bei hohem Niederschlag) als auch auf die Verlagerung. Bei 1,5facher Niederschlagsmenge liegt das Konzentrationsmaximum in 25 cm Bodentiefe, gegenüber 10 cm bei der Standardvariante. Hier zeigt sich, daß der Massenfluß von PSM mit dem Wasser (Advektion) der maßgebliche Transportmechanismus ist.

Eine Veränderung des Sorptionsparameters K_d zeigt einen deutlichen Einfluß auf Konzentration und Verlagerungstiefe. Hohe K_d - Werte bewirken eine geringe Verlagerung des Wirkstoffs und ein Ansteigen der Maximalkonzentration. Geringe K_d-Werte begünstigen die Tiefenverlagerung.

Die Dispersivität eines Systems bewirkt eine Verminderung der Stoffkonzentration durch räumliche Ausbreitung und damit Verdünnung. Veränderungen der Dispersion haben deshalb vor allem Einfluß auf die Form des Konzentrationsprofils über die Bodentiefe. Größere Dispersionswerte bewirken eine Verbreiterung der Verlagerungsfront bei gleichzeitiger Minderung der Konzentration.

Des weiteren wurden die Durchlässigkeit des Bodens (k_f - Wert), die Feldkapazität und der Freundlich - Exponent variiert. Der Einfluß der beiden erstgenannten Größen auf die PSM-Verlagerung ist gering. Der Freundlich - Exponent beschreibt die nichtlineare Sorptionskinetik von PSM am Feststoff. Ein Wert < 1 bedeutet, daß bei geringeren Konzentrationen relativ mehr PSM am Feststoff sorbiert ist, was den Transport mit dem Sickerwasser verlangsamt (Dibbern, 1992).

Der letzte Fall betrifft die Diskretisierung der Bodenhorizonte; d.h. die Sensitivität der Ergebnisse bezüglich der Annahme homogener Verhältnisse und der Unterteilung in einzelne Schichten mit unterschiedlicher Durchlässigkeit. Ein Vergleich der Ergebnisse zeigt keine gravierenden Unterschiede. Auch die Variation der Feldkapazität hat nur geringe Auswirkungen.

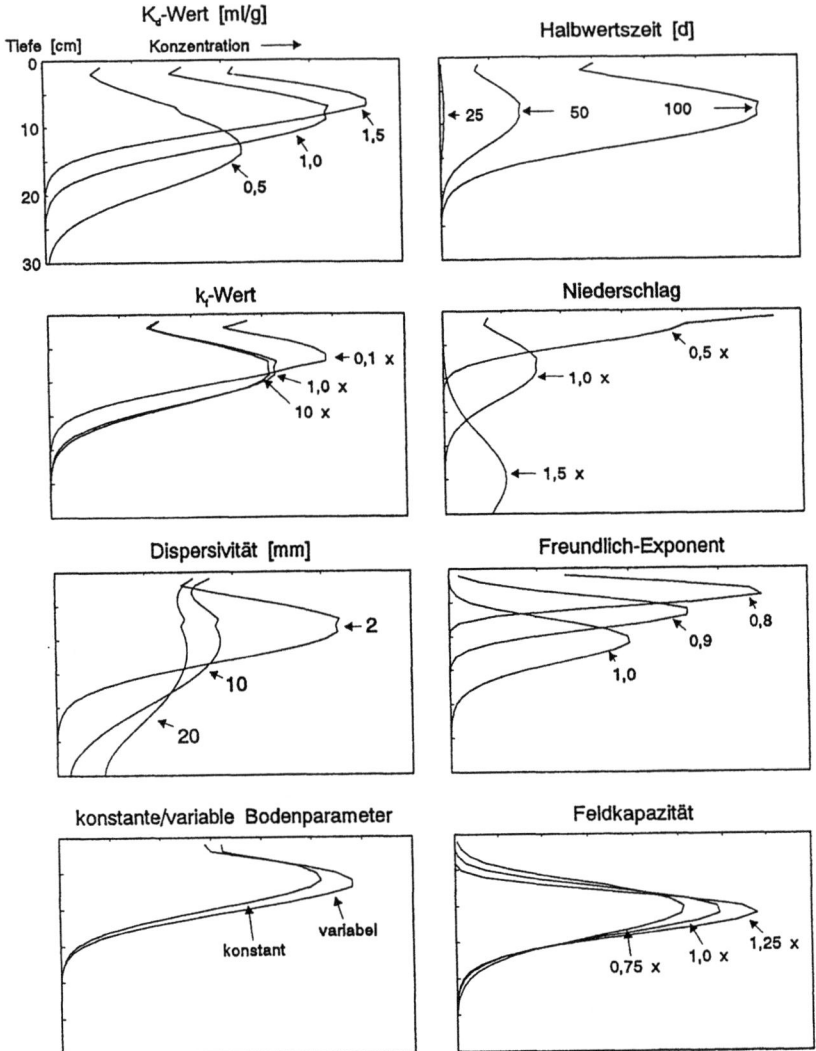

Abb. 11-8. Sensitivitätsanalysen der wichtigsten Modellparameter mit versuchstypischen Boden - und PSM-Kennwerten. (Dibbern, 1992)

11.2.1.1 Standort Meyenfeld

Zur Abschätzung des Austrags der Wirkstoffe Atrazin (DT_{50} = 60 Tage; K_{oc} = 90) und Terbuthylazin (DT_{50} = 60 Tage; K_{oc} = 230) aus der ungesättigten Bodenzone wurden für den Standort Meyenfeld verschiedene Szenarien mit dem Modell PRZM durchgeführt. Der Berechnungszeitraum betrug 10 Jahre, wobei jeweils im 1. und 3. Jahr 1 kg Wirkstoff / ha appliziert wurde. Als Klimadaten wurden ein Naßjahr (872 mm Niederschlag), ein Normal- (777 mm Niederschlag) und ein Trockenjahr (637 mm Niederschlag) gewählt.

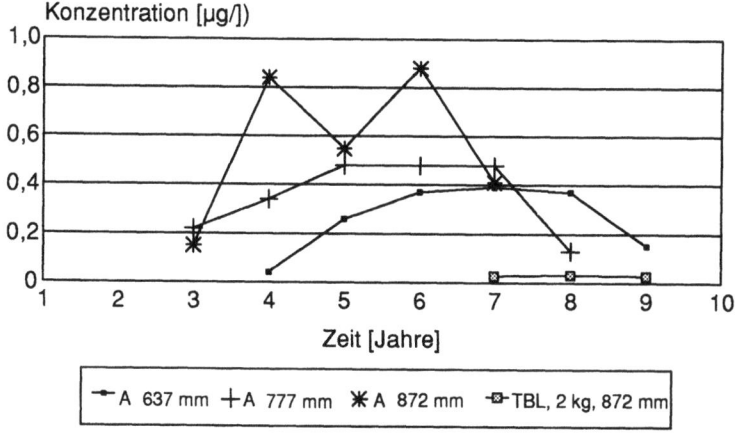

Abb. 11-9. Simulationsrechnungen unter Berücksichtigung verschiedener Niederschläge für den PSM-Austrag am Standort Meyenfeld
Berechnungszeitraum: 10 Jahre;
Aufwandmenge: 1 kg/ha; Grundwasserflurabstand: 6 m;
Wirkstoffe: Atrazin (A) und Terbuthylazin (TBL)

Abbildung 11-9 zeigt die berechneten Atrazinkonzentrationen in 6 m Tiefe an der Grundwasseroberfläche. Dargestellt ist ein Berechnungszeitraum von 10 Jahren. Die maximale Atrazinkonzentration tritt mit 0,9 µg/l im Sickerwasser bei der höchsten Niederschlagsmenge (872 mm/Jahr) im 6. Versuchsjahr auf. Es zeigt sich eine deutliche Abhängigkeit der Sickerwasserbelastung von der Niederschlagshöhe. Hohe Niederschläge führen zu geringeren Verweilzeiten eines Wirkstoffes im Bodenprofil, wobei die Möglichkeit des Abbaus und der Sorption geringer werden. Mit steigender Niederschlagsmenge treten Konzentrationsmaxima deutlich früher im Sikkerwasser auf. Für die Auswertung wurden nur die Werte berücksichtigt, die oberhalb der analytischen Nachweisgrenze der Wirkstoffe liegen.

Terbuthylazin weist aufgrund seiner chemisch-physikalischen Wirkstoffeigenschaften im Vergleich zu Atrazin eine erheblich geringere Mobilität auf. Dies wird durch die Simulationsrechnungen bestätigt. Bei einer Aufwandmenge von 1 kg/ha konnte bei keiner Niederschlagsvariante ein Eintrag des Wirkstoffs in das Grundwasser vorhergesagt werden. Erst die Erhöhung der Aufwandmenge auf 2 kg/ha führte im 7. bis 9. Simulationsjahr zu einer Belastung des Grundwassers im Bereich der Nachweisgrenze (0,03 µg/l).

Abbildung 11-10 zeigt den Vergleich gemessener und berechneter Rückstände von Pendimethalin im Bodenprofil des Versuchsstandortes Meyenfeld (Probennahmetermin 31.10.1991). Es zeigt sich, daß die Rückstandssituation in der Schicht 0 bis 10 cm vom Modell überschätzt wird. Dagegen liegen die Rückstände in 10 bis 20 cm und 20 bis 30 cm Tiefe über den berechneten.

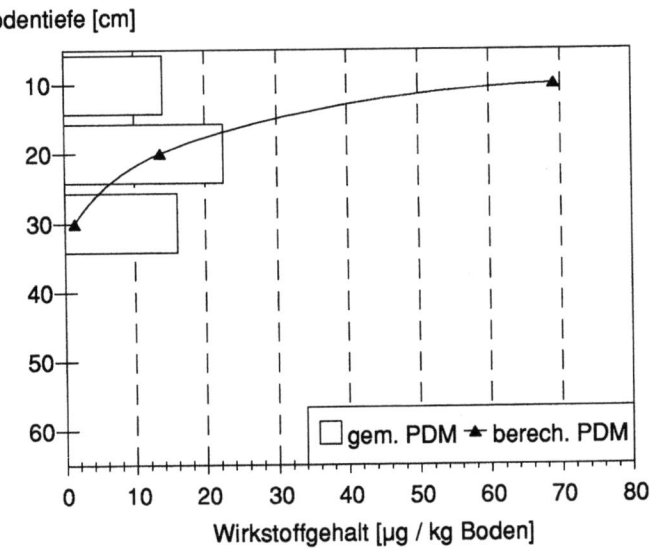

Abb. 11-10. Gemessene und berechnete Rückstände von Pendimethalin (PDM) im Bodenprofil des Versuchsstandorts Meyenfeld (Datum: 31.10.1991)

11.2.1.2 Standort Ruthe

Bei den Simulationsrechnungen für den Standort Ruthe wurde von denselben Anfangs- und Randbedingungen wie beim Standort Meyenfeld ausgegangen. Für die Wirkstoffe Atrazin und Terbuthylazin ergaben sich bei einem Grundwasserflurabstand von 6 m in keinem Fall über der analytischen Nachweisgrenze von 0,02 µg/l liegende Sickerwasserkonzentrationen. Dies ist u. a. auf die hohe Sorptionsleistung (hohe Humusgehalte, auch im Unterboden) und die geringe körnungsbedingte Durchlässigkeit des Standortes zurückzuführen.

Grundsätzlich ist anhand von Modellrechnungen festzustellen, daß die Austragsgefährdung eines Wirkstoffes bei folgenden Bedingungen zunimmt:

- Erhöhte Niederschläge,
- steigende Aufwandmengen,
- geringer Grundwasserflurabstand,
- geringer Humusgehalt,
- hohe Durchlässigkeit.

11.2.1.3 Referenzstandort

Bei dem Referenzstandort (Braunschweiger Raum) handelt es sich um den Bodentyp Parabraunerde mit folgenden Eigenschaften im Oberboden (BUNTE, 1991): pH (CaCl$_2$): 7,3; C$_{org.}$: 0,94; Sand: 1,7 %; Schluff: 80,3 %; Ton: 18,0 %; Lagerungsdichte 1,3; KAK: 14,5 mval/100 g Boden. Aufgrund dieser Eigenschaften und der Horizontierung ist der Standort vergleichbar mit den Böden im Wassereinzugsgebiet Hausen (Freiburger Raum). Für diesen Standort standen keine bodenkundlichen Kartierungsdaten zur Verfügung.

Für den Referenzstandort wurden Simulationen mit dem Wirkstoff Simazin durchgeführt und mit den Ergebnissen eines Feldversuchs verglichen. Der betrachtete Zeitraum betrug 105 Tage. Die Applikation des Simazins erfolgte am 20. April des Versuchjahres mit einer Aufwandmenge von 1 kg/ha. Für den Abbau wurde eine Halbwertszeit von 60 Tagen und für die Adsorption ein K$_{oc}$-Wert von 120 vorgegeben. Die Simulationsergebnisse für die Bodenschicht 0 bis 10 cm sind in Abbildung 11-11 zusammengefaßt.

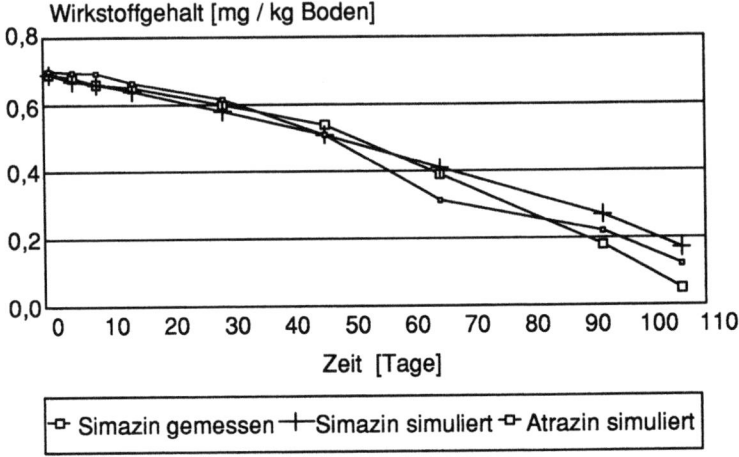

Abb. 11-11. Simulationsrechnungen für den Referenzstandort. Parabraunerde
Applikation: Simazin 1 kg/ha am 20.04.1988

Bedingt durch Abbau und Adsorption kommt es in dieser Bodentiefe innerhalb der 105 Tage zu einer deutlichen Konzentrationsabnahme. Insgesamt ist eine gute Übereinstimmung zwischen gemessenen und berechneten Werten feststellbar.

Neben den Berechnungen für Simazin wurden zusätzlich Simulationen mit dem Wirkstoff Atrazin durchgeführt. Im Vergleich zu Simazin zeigt sich ein ähnlicher Konzentrationsverlauf; lediglich am Ende des Betrachtungszeitraumes sind die Atrazinrückstände deutlich geringer. Dies ist mit der höheren Mobilität des Atrazins zu erklären (K_{oc} = 90). Dadurch sind bereits Wirkstoffanteile unterhalb 10 cm Bodentiefe verlagert.

11.2.2 Boden und Klimaszenarien Standort Hausen

Zur Abschätzung potentieller Einträge an PSM ins Grundwasser im Wassereinzugsgebiet Hausen wurden unterschiedliche Grundwasserflurabstände (5 m und 9 m) und Klimadaten (Naßjahr: 872 mm, Normaljahr: 777 mm, Trockenjahr: 542 mm Niederschlag) verwendet. Verwendete PSM-Wirkstoffe waren Atrazin und Terbuthylazin. Atrazin kam langjährig im Einzugsgebiet zur Anwendung und konnte auch im Grundwasser oberhalb des Grenzwertes der Trinkwasserverordnung nachgewiesen werden. Terbuthylazin wird nach dem Verbot des Atrazins teilweise als Ersatzwirkstoff zur Unkrautbekämpfung im Mais eingesetzt. Allen Berechnungen lag ein Simulationszeitraum von 10 Jahren zugrunde.

Die Abbildungen 11-12 bis 11-14 zeigen den Eintrag von Atrazin (µg/l Sickerwasser) in das Grundwasser bei einem Flurabstand von 9 m. In fünf aufeinander folgenden Jahren (Jahr 1 bis 5) wurde Atrazin jeweils am 20. April mit einer Aufwandmenge von 1 kg/ha in Mais appliziert.

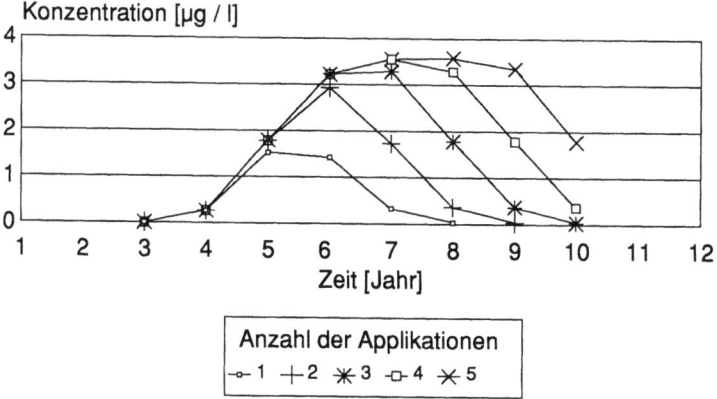

Abb. 11-12. Simulationsrechnungen für den PSM-Austrag am Standort Hausen. Berechnungszeitraum: 10 Jahre; Aufwandmenge: 1 kg/ha; Grundwasserflurabstand: 9 m; Parabraunerde; Naßjahr (872 mm)

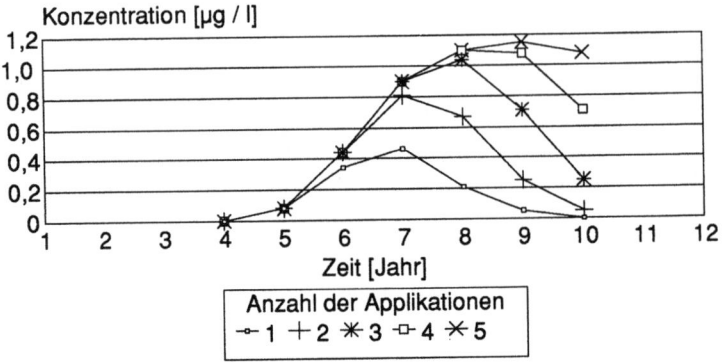

Abb. 11-13. Simulationsrechnungen für den PSM-Austrag am Standort Hausen. Berechnungszeitraum: 10 Jahre; Aufwandmenge: 1 kg/ha; Grundwasserflurabstand: 9 m; Parabraunerde; Normaljahr (777 mm)

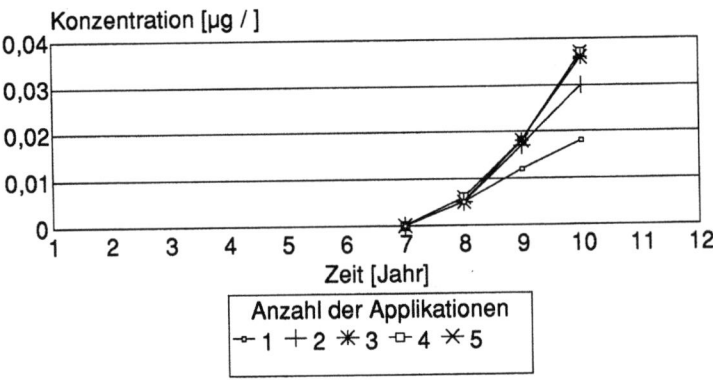

Abb. 11-14. Simulationsrechnungen für den PSM-Austrag am Standort Hausen. Berechnungszeitraum: 10 Jahre; Aufwandmenge: 1 kg/ha; Grundwasserflurabstand: 9 m; Parabraunerde; Trockenjahr (637 mm)

Es zeigt sich in allen Fällen, daß mit der Anwendungshäufigkeit der Eintrag ins Grundwasser mit dem Sickerwasser, das zur Grundwasseroberfläche gelangt, ansteigt. Die maximal berechneten Konzentrationen werden nach 5jähriger Anwendung erreicht. Ferner zeigt sich eine deutliche Beeinflussung der PSM-Konzentrationen im Sickerwasser durch die Witterung. Bei geringen Niederschlägen konnte erst ab dem 7. Jahr Atrazin bis maximal 0,035 µg/l als Sickerwasserkonzentration, die in das Grundwasser abfließen, berechnet werden. In normalen Jahren steigt der Wert auf 1,2 µg/l und in nassen Jahren auf 3,5 µg/l. Der erste Eintrag erfolgt bei jährlicher Anwendung nach 3 bzw. 4 Jahren.

Abbildung 11-15 zeigt die Auswirkungen eines geringeren Grundwasserflurabstandes (5 m).

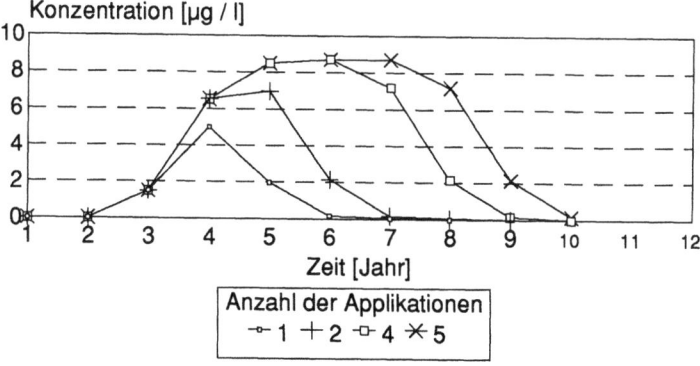

Abb. 11-15. Simulationsrechnungen für den PSM-Austrag am Standort Hausen. Berechnungszeitraum: 10 Jahre; Aufwandmenge: 1 kg/ha; Grundwasserflurabstand: 5 m; Parabraunerde; Normaljahr (777 mm)

Nach den Berechnungen tritt Atrazin zeitlich früher (zwischen 1. und 2. Jahr nach der Anwendung) und in höheren Konzentrationen im Sickerwasser (bis 8,5 µg/l) in das Grundwasser ein. Es zeigt sich sehr deutlich der Einfluß der Deckschicht. Je mächtiger das Bodenprofil ist, desto eher besteht die Wahrscheinlichkeit, daß PSM durch Abbau eliminiert und durch Sorption retardiert werden.

Abbildung 11-16 zeigt die berechneten Rückstandsgehalte von Atrazin im Bodenprofil (µg/kg Boden) 3 Jahre nach Applikation.

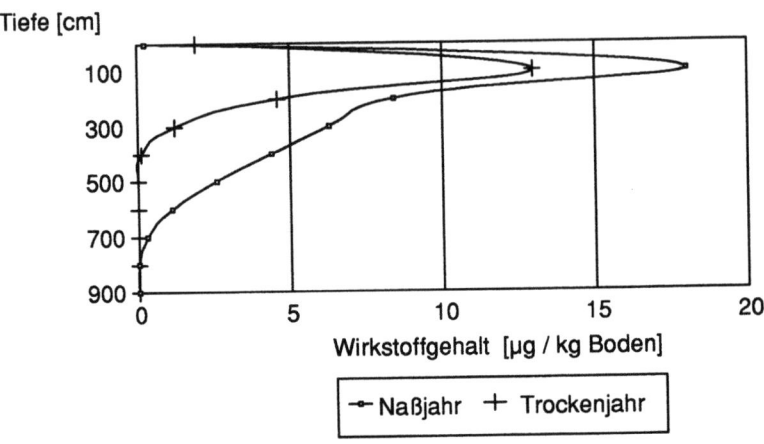

Abb. 11-16. Simulationsrechnungen für den Rückstandsgehalt von Atrazin am Standort Hausen. Simulationsdauer 3 Jahre, bei jährlicher Applikation; Aufwandmenge: 1 kg/ha

Bei der niederschlagsreichen Variante ist der Wirkstoff bis 8 m Tiefe im Bodenprofil vorgedrungen, während bei der niederschlagsarmen Variante nur eine Verlagerungstiefe bis 4 m berechnet werden konnte.

Seitdem für Atrazin ein vollständiges Anwendungsverbot besteht, werden zur Unkrautbekämpfung in Mais Alternativwirkstoffe eingesetzt. Dazu zählt das ebenfalls zur Wirkstoffgruppe der Triazine gehörende Terbuthylazin. Zur Prognostizierung der Terbuthylazinverlagerung und einer potentiellen Grundwassergefährdung wurden ebenfalls Modellrechnungen unter folgenden Randbedingungen durchgeführt:

- Aufwandmenge: 1 kg Aktivsubstanz ha
- Applikation: 20. April (5 Jahre hintereinander)
- Boden: Parabraunerde
- Grundwasserflurabstand: 9 m
- Halbwertszeit: 60 Tage
- K_{oc}:   230
- Niederschlag: 777 mm/Jahr
- Simulationsdauer: 10 Jahre

Unter den beschriebenen Bedingungen konnte kein Eintrag von Terbuthylazin in das Grundwasser ermittelt werden. Auch eine Erhöhung des Niederschlags auf 872 mm und eine Verdoppelung der Aufwandmenge (2 kg Aktivsubstanz/ha) führten nicht zu einer Grundwasserbelastung. Damit zeigt Terbuthylazin, bedingt durch die höhere Adsorption, im Vergleich zu Atrazin eine wesentlich geringere Verlagerung.

11.3 Abschätzung des Eintrags von PSM in das Grundwasser

Für eine grobe Abschätzung der Boden- und Grundwasserkontamination durch Pflanzenschutzmittel wurde eine Reihe von Schätzverfahren entwickelt (Voerkelius und Spandau, 1988; Blume und Brümmer, 1987; Rao et al., 1985; Jury et al., 1987; Leonard und Knisel, 1988). Diese erfordern häufig nur wenige, leicht verfügbare Eingabedaten.

Bei dem Verfahren von Blume und Brümmer (1987) handelt es sich um ein regelbasiertes Schätzverfahren, daß entsprechend bodenkundlicher Feldmethoden mit Klassifizierungen von Wirkstoff- und Standorteigenschaften sowie Zu- und Abschlägen für deren Gewichtung arbeitet. Dabei werden Boden-, Standort- und Klimadaten in einem Bewertungssystem miteinander verknüpft. Die Eingangsdaten werden nach Klassenbildung mit Punkten bewertet und verrechnet. Bei den erforderlichen Eingangsdaten handelt es sich um relativ leicht verfügbare Informationen, wie z. B. Daten zum Abbau (Halbwertszeit), zur Sorption (Adsorptionskonstante) und zur Verflüchtigung sowie Boden- (Humusgehalt, Körnung) und Klimadaten (Niederschlag, Temperatur). Sensitivitätsanalysen mit einigen für das Verhalten von Pflanzenschutzmitteln relevanten Parametern (z. B. Humusgehalt) haben jedoch gezeigt, daß bei Anwendung eines solchen Bewertungssystems keine ausreichende Differenzierung einer Prognose möglich ist. Der Ansatz von Blume und Brümmer wurde in dem Herbizidberatungssystem HERBASYS als Modul CHEMPROG zur Abschätzung der Austragsgefährdung implementiert (Gottesbüren et al., 1990).

Die Grundlage zur Abschätzung des PSM-Eintrags in das Grundwasser bilden, wie in Abbildung 11-17 dargestellt, häufig sogenannte Faktorenwirkungsmodelle.

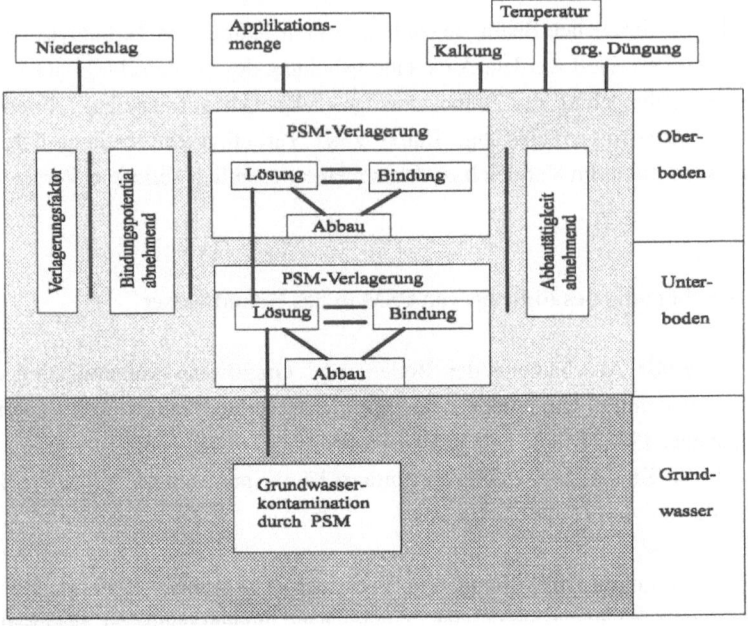

Abb. 11-17. Faktorenwirkungsmodell zur Abschätzung des PSM-Eintrags in das Grundwasser.(In Anlehnung an Voerkelius und Spandau, 1988)

Als Beispiel für eine solche Abschätzung soll hier das Verfahren von Leonard und Knisel (1988) in der erweiterten Version von Hollis (1991) dienen. Dabei werden getrennt nach Ober- und Unterboden folgende Parameter berücksichtigt bzw. miteinander verknüpft:

- applizierte Wirkstoffmenge,
- klimatische Wasserbilanz,
- Mächtigkeit der Bodenschichten,
- Flurabstand,
- Dichte des Bodens,
- Wassergehalt,
- organischer Kohlenstoff,
- Adsorptionskonstante,
- Abbaukonstante (Halbwertszeit).

Durch Verknüpfung dieser Informationen lassen sich der Retardierungsfaktor und die durchschnittlich zu erwartende PSM-Konzentration im Sickerwasser an der

Grundwasseroberfläche berechnen. Die Sickerwasserkonzentration wird aus dem Quotienten der applizierten Wirkstoffmenge, der mittleren Sickerwassergeschwindigkeit und einem Verminderungsfaktor berechnet.

$$C_S = \frac{j_{PSM}}{v_S} \cdot \beta(t,\lambda) \cdot 100 \qquad (11\text{-}6)$$

mit C_S Konzentration im Sickerwasser [µg/l]
j_{PSM} applizierte Wirkstoffmenge [kg/(ha · a)]
v_S mittlere Sickerwassergeschwindigkeit [m/a]
β Verminderungsfaktor [-]

Die mittlere Sickerwassergeschwindigkeit erhält man in erster Näherung aus der klimatischen Wasserbilanz (Niederschlagshöhe-Verdunstungshöhe/Zeit).

$$v_S = (h_n - h_v) / \Delta t \qquad (11\text{-}7)$$

Der Verminderungsfaktor β berücksichtigt den Abbau und eine irreversible Adsorption der PSM im Boden. β ist abhängig von der Abbaukonstanten des Wirkstoffs und der Verweilzeit in der ungesättigten Bodenzone.

$$\beta(t,\lambda) = e^{-\lambda \cdot t} \qquad (11\text{-}8)$$

wobei $t =$ Verlagerungszeit der Stoffe von der
Bodenoberfläche bis zum Grundwasser [a]
$\lambda =$ Abbaukonstante [1/ a]

In der Praxis wird oft nicht die Abbaukonstante, sondern die Halbwertszeit bzw. der DT_{50}-Wert angegeben. Beide Größen sind durch den Ausdruck :

$$DT_{50} = \ln 2 / \lambda$$

miteinander verknüpft (Gleichung (5-15) in Kapitel 5).

Die Verlagerungszeit ergibt sich aus dem Flurabstand, dem Wassergehalt und dem Retardationsfaktor.

$$t = \frac{1 \cdot \theta \cdot R_d}{v_s} \qquad (11\text{-}9)$$

mit: l Schichtdicke des Bodens [m]
 θ Wassergehalt des Bodens [-]
 R_d Retardationsfaktor des Wirkstoffs [-]

Der Retardationsfaktor errechnet sich aus der Lagerungsdichte, dem organischen Kohlenstoffgehalt und der Sorptionskonstanten des Wirkstoffs.

$$R_d = 1 + \frac{(\rho \cdot C_{org.} \cdot K_{oc})}{\theta} \qquad (11\text{-}10)$$

mit: ρ Lagerungsdichte des Bodens [g/cm³]
 $C_{org.}$ organischer Kohlenstoffgehalt des Bodens [-]
 K_{oc} Sorptionskonstante des Wirkstoffs [-]

Als Beispiel soll hier die Sickerwasserkonzentration von Atrazin am Standort Meyenfeld berechnet werden. Folgende Eingabeparameter wurden verwendet:

- applizierte Wirkstoffmenge: 1 kg/(ha·a)
- klimatische Wasserbilanz: 200 mm/a = 0,2 m/a
- Grundwasserflurabstand: 4 m
- Lagerungsdichte: 1,4 g/cm³
- Wassergehalt: 14 %
- K_{oc}-Werte: 90
- org. Kohlenstoffgehalt: 1,1 % Oberboden
  0,3 % Unterboden
- DT_{50}-Wert: 60 d Oberboden
  365 d Unterboden

Die Berechnung der in Tabelle 11-7 zusammengestellten Werte für die einzelnen Wirkungsfaktoren erfolgte für den Oberboden und Unterboden getrennt.

Tabelle 11-7. Berechnete Wirkungsfaktoren für Atrazin am Standort Meyenfeld

	Schichtdicke [m]	R_d [-]	t [a]	λ [1/a]	α [-]
Oberboden	0,3	10,9	2,3	4,2	$6,4 \cdot 10^{-5}$
Unterboden	3,7	3,7	9,6	0,7	$1,3 \cdot 10^{-3}$

Mit den Verminderungsfaktoren aus Tabelle 11-7 und den oben angegebenen Werten ergibt sich nach Gleichung (11-6) eine Atrazinkonzentration im Sickerwasser von:

$$C_s = \frac{1}{0,2} \cdot 6,4 \cdot 10^{-5} \cdot 1,3 \cdot 10^{-3} \cdot 100 = 4,2 \cdot 10^{-5} \quad [\mu g/l]$$

Wie die Rechnung zeigt, wird in diesem Beispiel der Grenzwert der Trinkwasserverordnung (0,1 µg/l) deutlich unterschritten.

Für weitere Berechnungen sind in Tabelle 11-8 K_{oc}-und DT_{50}-Werte ausgewählter Pflanzenschutzmittel aus der Literatur (Baier et al., 1985; Gottesbüren, 1991; Hance, 1980; Hurle, 1982; Weed Science Society of America, 1989) für Oberböden zusammengestellt: Es ist jedoch zu beachten, daß Schätzverfahren immer nur eine erste grobe Näherung des PSM-Austrages geben können und häufig mit einer großen Unsicherheit behaftet sind, so daß nur Trendaussagen gemacht werden können. Quantitative Aussagen zur Grundwasserbelastung oder zum Eintrag in das Grundwasser sind nicht zulässig, und es besteht zudem die Gefahr, daß aufgrund der stark vereinfachten Annahmen und Verknüpfungen großflächig falsche Bewertungen erfolgen.

Tabelle 11-8. Mittlere Adsorptions- und Abbaukonstanten für Pflanzenschutzmittel in Oberböden

Wirkstoff	K_{OC}-Wert	DT_{50} [Tage]
Atrazin	90	60
Bromacil	40	60
Chlortoluron	154	45
Ethofumesat	140	30
Isoproturon	90	20
Lindan	5420	400
Metamitron	104	14
Metribuzin	61	40
Methabenzthiazuron	669	250
Pendimethalin	10200	90
Phenmedipham	930	30
Propyzamid	144	60
Simazin	112	60
Terbuthylazin	232	60

12 Modellrechnungen im Grundwasser

12.1 Fallstudie "HAUSEN"

Die Freiburger Energie- und Wasserversorgungs AG (FEW) betreibt südwestlich von Freiburg in der Nähe der Ortschaft Hausen an der Möhlin ein Wasserwerk, aus dessen 6 Tiefbrunnen derzeit 6 Mio. m^3 / Jahr Grundwasser entnommen werden. Die intensive landwirtschaftliche Nutzung des Einzugsgebietes führt zu einer Veränderung der Grundwasserbeschaffenheit durch Einträge aus der Düngung sowie durch die Anwendung von Pflanzenschutzmitteln. Zur Abschätzung des Gefährdungspotentials und dessen Entwicklung läßt die FEW seit 1986 an zahlreichen Meßstellen im Einzugsgebiet das Grund- bzw. Oberflächenwasser auf gebietsrelevante PSM untersuchen.

Auf der Grundlage der vorliegenden Daten wird mit einem Transportmodell der örtlich differenzierte Eintrag ausgewählter PSM-Wirkstoffe in das Grundwasser und der Transport der PSM mit dem Grundwasser berechnet. Das Ziel ist hierbei die Ermittlung der Haupteinflußfaktoren auf den Transport der PSM im Grundwasser infolge der flächigen Anwendung sowie eine Bilanzierung der Aufwandmenge und Eintragsmenge in das Grundwasser.

12.1.1 Geologie und Geometrie des Grundwassersystems

Das Einzugsgebiet des Wasserwerkes liegt im rheinfernen östlichen Teil des Oberrheingrabens und im angrenzenden Staufener Becken. Es hat eine Fläche von ca. 48,5 km^2 (Abbildung 12-1). Von Süd-Ost nach Nord-West wird das Gebiet von den beiden großen, im Schwarzwald entspringenden Vorflutern Möhlin und Neumagen durchquert, die sich kurz vor der Ortschaft Hausen zur Möhlin vereinigen. Die Mächtigkeit des quartären Grundwasserleiters nimmt vom Schwarzwald zum Rhein hin zu. Das Quartär wird hierbei in festgelagerte Sande und Kiese geringer Durchlässigkeit und locker gelagerte Kiese guter Durchlässigkeit unterteilt. Die Mächtigkeit der locker gelagerten Kiese, die den eigentlichen Grundwasserleiter bilden, beträgt im Bereich der Staufener Bucht 5 - 15 m, mit Ausnahme der Bereiche, in denen Festgesteinsschollen bis an die Oberfläche kommen (z. B. Tuniberg,

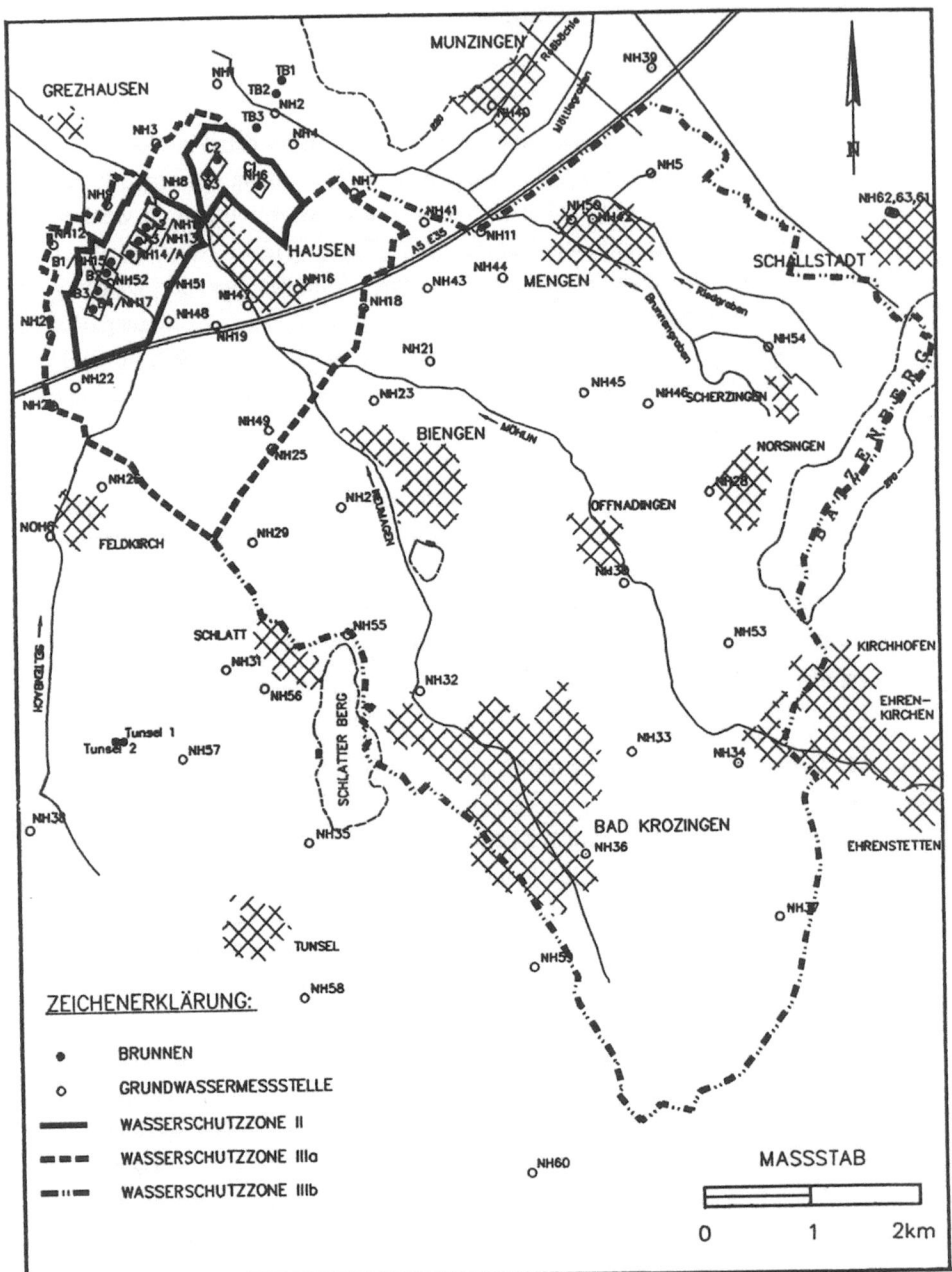

Abb. 12-1. Lageplan des Untersuchungsgebietes mit Meßstellen

Schlatter Berg). Westlich der Rheingrabenverwerfung, die etwa der Linie Tuniberg-Biengen folgt, beginnen kiesige Ablagerungen, die in Rheinnähe bis zu 130 m mächtig sind. Die Basis des Grundwasserleiters wird durch dicht gelagerte Sande und Kiese, sog. "ältere Schotter", gebildet und wurde von Schneider (1987) mit geophysikalischen Messungen ermittelt.

Der Grundwasserleiter im Untersuchungsgebiet ist im Oberrheingraben überwiegend aus alpinen Kiesen und Sanden aufgebaut, die im Staufener Becken durch Schwarzwaldschotter abgelöst werden. Für das alpine Aquifermaterial werden k_f-Werte von durchschnittlich $>10^{-3}$ m/s angegeben, während für die Schwarzwaldschotter um eine Zehnerpotenz niedrigere k_f-Werte angesetzt werden können. Zusätzlich nimmt der k_f-Wert von Ost nach West zu, da die Lockersedimente zunehmend reiner werden. Für die Modellrechnungen wurde die Transmissivitätsverteilung eines großräumigen, vom Geologischen Landesamt Baden-Württemberg (GLA) erstellten Grundwassermodells übernommen. Die Transmissivitäten nehmen von 10^{-4} m/s im Randgebiet des Staufener Beckens bis auf $7{,}5 \cdot 10^{-2}$ m²/s im Bereich der Brunnen zu. Der durchflußwirksame Hohlraumanteil (effektive Porosität) wird mit 20% veranschlagt (Schneider, 1987).

12.1.2 Grundwasserströmung

Abbildung 12-2 zeigt einen Grundwassergleichenplan mit den mittleren Grundwasserständen des Jahres 1988. Die Hauptfließrichtung des Grundwassers im Untersuchungsgebiet verläuft demnach von Süd-Ost nach Nord-West. Im Bereich nördlich der Möhlin kommt es zu einer Umlenkung der Fließrichtung durch die Tunibergsüdspitze, so daß die Grundwasserströmung im Bereich zwischen Mengen und Hausen einer Ost-West-Richtung folgt. Die Mengener Brücke bildet am Nordostrand des Gebietes die Grundwasserscheide. Die Grundwasserstände weisen zwischen trockenen und feuchten Jahren Höhenunterschiede von bis zu 3 m auf, die generelle Ausbildung der Fließrichtung bleibt jedoch erhalten. Die Fließgeschwindigkeit (Abstandsgeschwindigkeit) des Grundwassers liegt zwischen 0,1 und 3,5 m/d.

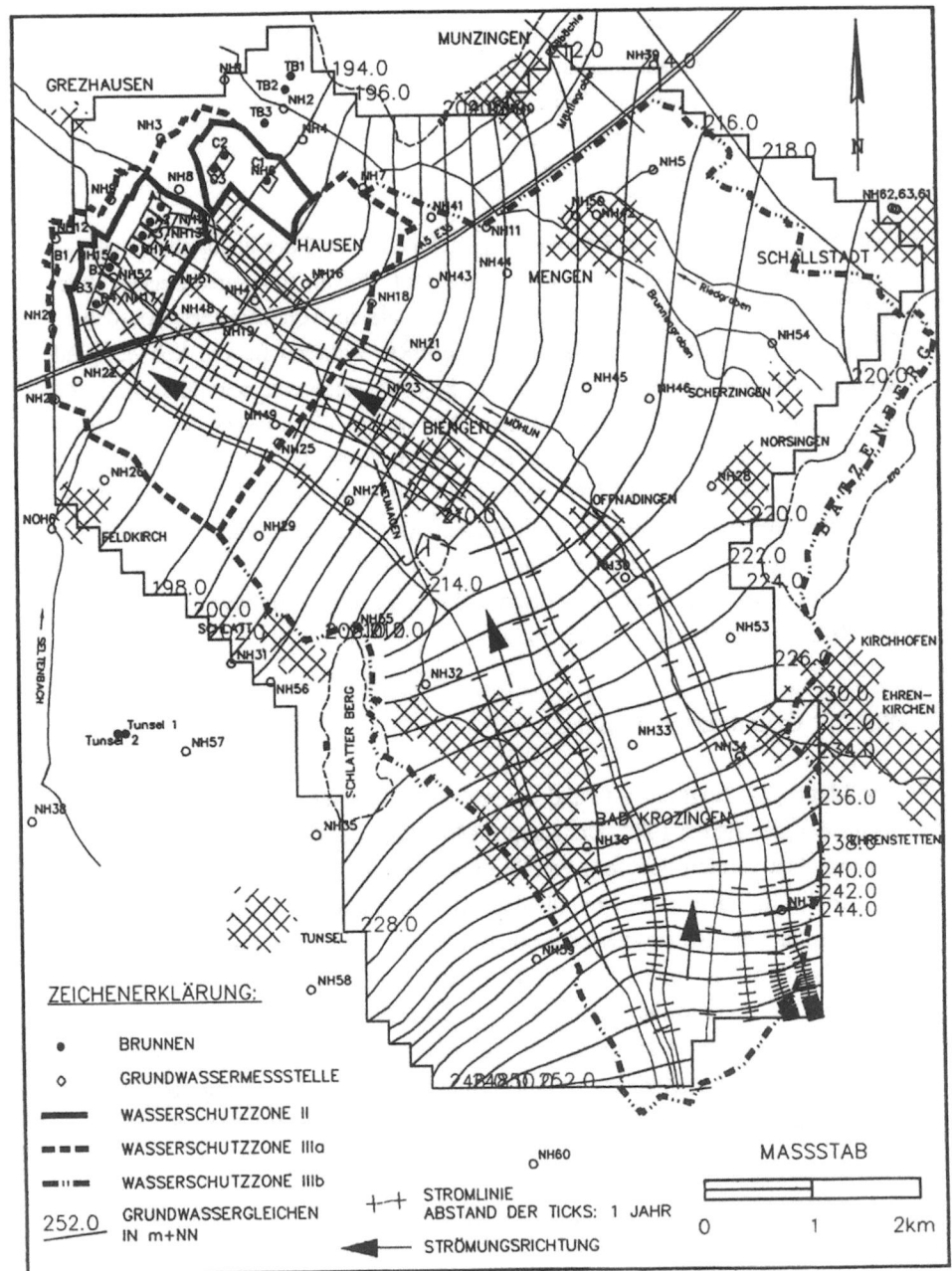

Abb. 12-2. Grundwassergleichen und Fließwege

12.1.3 Grundwasserneubildung und Oberflächengewässer

Die Grundwasserneubildung nimmt aufgrund der von West nach Ost zunehmenden Niederschläge von 3 l/s km^2 in der Rheinebene bis auf 11 l/s km^2 am Schwarzwaldrand zu. Die mittlere Grundwasserneubildungsrate im gesamten Gebiet beträgt 5,5 l/s km^2 (Schneider, 1987).

Viele Schwarzwaldflüsse, die in die Oberrheinebene entwässern, tragen durch Wasserverluste am Schwarzwaldrand und in der Rheinebene zur Grundwasseranreicherung bei. Dies trifft auch auf Möhlin und Neumagen im Untersuchungsgebiet zu, da ihre Sohle fast im gesamten Verlauf über dem Grundwasserspiegel liegt. Zur Erfassung der Wasserverluste auf der 2,5 km langen Laufstrecke der Möhlin zwischen Hausen und Grezhausen im Bereich der Wasserschutzzone IIIA werden seit März 1987 Abfluß- und Wasserstandsmessungen an zwei Pegeln in Hausen und Grezhausen durchgeführt. Die Möhlin ist in diesem Bereich ausgebaut, die Gewässersohle ist im Mittel 8 m breit und besteht aus grobem Geschiebe. Auf der gesamten Laufstrecke weist die Möhlin ein einfaches Trapezprofil auf und besitzt ein Gefälle von 2 °/oo. Bei Niedrigwasser infiltriert die Möhlin in das Grundwasser, zeitweise versiegt sie vollständig. Für den Zeitraum 1987/88 ergab sich ein mittlerer Verlust von 475 l/s, für 1988/89 von 120 l/s zwischen Hausen und Grezhausen. Dabei muß berücksichtigt werden, daß sich immer Zeiträume mit Verlusten und Zeiträume mit Abflußzunahme auf der gleichen Strecke abwechseln.

Im Hinblick auf den Wasserhaushalt im Untersuchungsgebiet ist die Infiltration von Wasser aus der Möhlin bzw. des Neumagen im Bereich zwischen Hausen und der östlichen Grenze des Einzugsgebietes von großem Interesse. Überschlägig lassen sich diese Mengen unter Einbeziehung der Abflußwerte der Möhlin am Pegel Oberambringen (ca. 8 km oberhalb Hausen, $M_{Q87/89} = 0,73$ m^3/s) und der Abflußwerte des Neumagen am Pegel Untermünstertal (ca. 15 km oberhalb Hausen, $M_{Q87/88} = 2,6$ m^3/s) ermitteln. Das Einzugsgebiet der Möhlin vergrößert sich bis zum Pegel Hausen um 25% gegenüber dem an den Pegeln Untermünstertal und Oberambringen. Aus den Pegeldaten errechnet sich für 1987/88 zwischen den Pegeln Oberambringen/Untermünstertal und Hausen eine mittlere Infiltrationsmenge von 50 l/s. Diese Menge bildet die Untergrenze für die Infiltration in den Untergrund zwischen dem Schwarzwald und Hausen auf einer Gesamtfließstrecke von ca. 23 km. Neben den beiden großen Vorflutern existieren eine Reihe kleinerer Bäche und Gräben (z. B. Seltenbach, Brunnengraben, Riedgraben), die aber nur einen geringen Beitrag zum Grundwasserhaushalt liefern.

12.1.4 Böden und landwirtschaftliche Nutzung

Die bodenkundliche Kartierung des Einzugsgebietes des Wasserwerkes Hausen weist einen einheitlichen Aufbau für die Rheinniederterrasse mit Parabraunerden und der Lößgebiete mit Pararendzinen und Parabraunerden aus. Die Bereiche der holozänen Ablagerungen der Flüsse Möhlin und Neumagen sind stärker differenziert. An Bodentypen sind Auenregosol, Auenbraunerde, Brauner Auenboden, Parabraunerde und Gley ausgebildet. Im Bereich des Schwemmfächers westlich Staufen sind vorherrschend flachgründige sand- und kiesreiche Böden ausgebildet, die mit zunehmender Entfernung vom Schwarzwald durch tiefgründige, lehmige Böden abgelöst werden.

Die FEW fertigte für 1987-1989 Realnutzungskartierungen der landwirtschaftlichen Nutzung des relevanten Enzugsgebietes (ca. 3500 ha) an. Die Ergebnisse dieser Erhebungen sind in Tabelle 12-1 zusammengestellt.

Tabelle 12-1. Flächennutzung im Untersuchungsgebiet. (Rogg, 1991)

Kulturart	Flächenanteil [%]		
	1987	1988	1989
Mais	39,3	50,2	49,5
Acker/Getreide/Sonnenblumen	21,9	12,9	14,3
Reben	6,7	6,7	6,7
Gemüse/Hackfrüchte	4,5	3,4	3,7
Sonderkulturen (Spargel)	1,3	1,3	1,3
Bebaute Fläche	21,5	21,5	21,5

Hierbei wird deutlich, daß der Mais (Körner-, Saatmais) mit 64 % der landwirtschaftlich genutzten Fläche die Hauptkulturart im Einzugsgebiet darstellt. Alle anderen Kulturen haben eine untergeordnete Bedeutung. Die Anwendung von Düngemitteln und PSM im Maisanbau stellt insbesondere durch die über viele Jahre betriebene Monokultur eine besondere Belastungsquelle für das Grundwasser dar (Friesel et al., 1987).

Abbildung 12-3 zeigt die Landnutzung im gesamten Einzugsgebiet (ca. 6750 ha) für das Jahr 1987. Danach lassen sich die im engeren Einzugsbereich erhobenen Flächenanteile auf das Gesamtgebiet übertragen. Die Vorberge Tuniberg, Batzenberg sowie der Schlatter und Bienger Berg werden dabei ausschließlich durch Weinbau genutzt.

12.1.5 Auftreten von PSM im Untersuchungsgebiet

12.1.5.1 Nachweishäufigkeit

Im Untersuchungsgebiet werden an zahlreichen Meßstellen im Grundwasser und in den Oberflächengewässern (Abbildung 12-1) alle zwei Monate Proben für Pflanzenschutzmitteluntersuchungen entnommen. Untersucht wird dabei auf 49 gebietsrelevante Herbizide, Fungizide und Insektizide. Es konnten zahlreiche Überschreitungen des in der Trinkwasserverordnung geltenden Grenzwertes festgestellt werden. Die Tabelle 12-2 gibt eine Übersicht über die Nachweishäufigkeit der relevanten Wirkstoffe im Grund- bzw. Oberflächenwasser im Untersuchungsgebiet Hausen (ca. 1000 Proben, Stand Dezember 1991).

Tabelle 12-2. Nachweishäufigkeit von PSM im Untersuchungsgebiet (ca. 1000 Proben)

Wirkstoff	Gesamt [%]	Grundwasser [%]	Gewässer [%]
Atrazin	75,6	74,8	77,7
Desethylatrazin	76,4	80,9	68,8
Desisopropylatrazin	4,8	4,1	7,0
Metolachlor	4,7	1,8	10,9
Propazin	6,7	10,6	0,3
Simazin	51,1	42,0	74,9
Terbuthylazin	16,4	6,1	37,9
Desethylterbuthylazin	5,3	1,6	16,1

Abb. 12-3. Flächennutzungsplan 1987

Die Herbizide Isoproturon, Pendimethalin und Metribuzin wurden vereinzelt im Oberflächenwasser nachgewiesen, weiterhin wurde aus der Gruppe der Fungizide Metalaxyl und bei den Insektiziden Propetamfos im Grund- und Oberflächenwasser in Einzelproben gefunden. Weitere PSM-Funde traten vor allem im Oberflächenwasser auf, jedoch handelt es sich hierbei nur um einzelne positive Befunde. Die Konzentration liegt i.allg. im Bereich der Nachweisgrenze. Die Hauptbelastung des Grund- und Oberflächenwassers wird durch die Wirkstoffe Atrazin, Simazin, Terbuthylazin und ihre Metaboliten verursacht.

Die Auswertung der Nachweishäufigkeit gibt einen deutlichen Hinweis auf den Anwendungsumfang der Wirkstoffe und unter Berücksichtigung der Nutzungserhebung auf die verursachende Nutzung.

-Atrazin:
Dieser Wirkstoff wurde bis zu seinem Anwendungsverbot (01.01.1991) in Aufwandmengen von bis zu 3 kg/ha als selektives Herbizid im Mais eingesetzt. Des weiteren fand dieses Triazin Anwendung in Spargelkulturen, im Wein- und Obstbau. Der Wirkstoff und seine Metaboliten sind etwa gleich häufig im Oberflächen- und Grundwasser nachweisbar.

-Simazin:
Dieses Herbizid wurde vor allem im Weinbau, aber auch im Mais und in Spargelkulturen eingesetzt. Ebenso wie Terbuthylazin und Metolachlor ist Simazin häufiger im Oberflächen- als im Grundwasser nachweisbar. Diese Beobachtung kann durch verschiedene Ursachen bewirkt werden:

– Die Wirkstoffe werden im Gegensatz zu Atrazin vor allem in den Hanglagen der Vorberge (Weinbau) angewendet und dann über die Gewässer ausgetragen.
– Die Anwendungsfläche der Wirkstoffe ist geringer als beim Atrazin und daher wird der Wirkstoff nicht so häufig im Grundwasser nachgewiesen.

-Terbuthylazin:
Dieser Wirkstoff wird seit 1988 zunehmend als Alternative zu Atrazin angewendet, er ist nur vereinzelt im Grundwasser nachweisbar.

-Propazin:
Dieses Herbizid wurde vor allem in Sonderkulturen und Gemüse eingesetzt und tritt im Untersuchungsgebiet lokal begrenzt im Grundwasser auf. Im Oberflächengewässer konnte der Wirkstoff nur einmal nachgewiesen werden.

Die Metaboliten Desethylatrazin und Desethylterbuthylazin besitzen eine hohe Mobilität und Persistenz, die z. T. sogar über der des Ausgangsstoffes liegen kann (Häfner, 1989). Diese beiden Metabolite konnten teilweise in höheren Konzentrationen als ihr Ausgangsstoff im Grundwasser nachgewiesen werden. Der Metabolit Desisopropylatrazin wurde nur in den Jahren 1987/88 gefunden, mit dem Rückgang der Atrazinanwendung konnte dieses Abbauprodukt des Atrazins nicht mehr im Grundwasser nachgewiesen werden.

12.1.5.2 PSM-Konzentrationen im Grundwasser

-Atrazin:
Die Bereiche hoher Atrazingehalte (>250 ng/l) im Grundwasser liegen im Gebiet nördlich der Linie Mengen-Munzingen und südlich Schlatt-Bad Krozingen (Abbildung 12-4). Der Nahbereich der Brunnen weist mittlere Konzentrationen im Grundwasser von unter 100 ng/l auf, da hier eine Mischung des belasteten Grundwassers mit unbelastetem Zustrom aus der Möhlin und dem Neumagen erfolgt. In den Gebieten mit hohen Atrazingehalten liegen auch hohe Desethylatrazinkonzentrationen im Grundwasser vor.

-Simazin:
Dieser Wirkstoff tritt im Grundwasser zwischen Tuniberg und Batzenberg und zwischen Batzenberg und Bad Krozingen auf, nur in Einzelfällen ist die Konzentration > 100 ng/l.

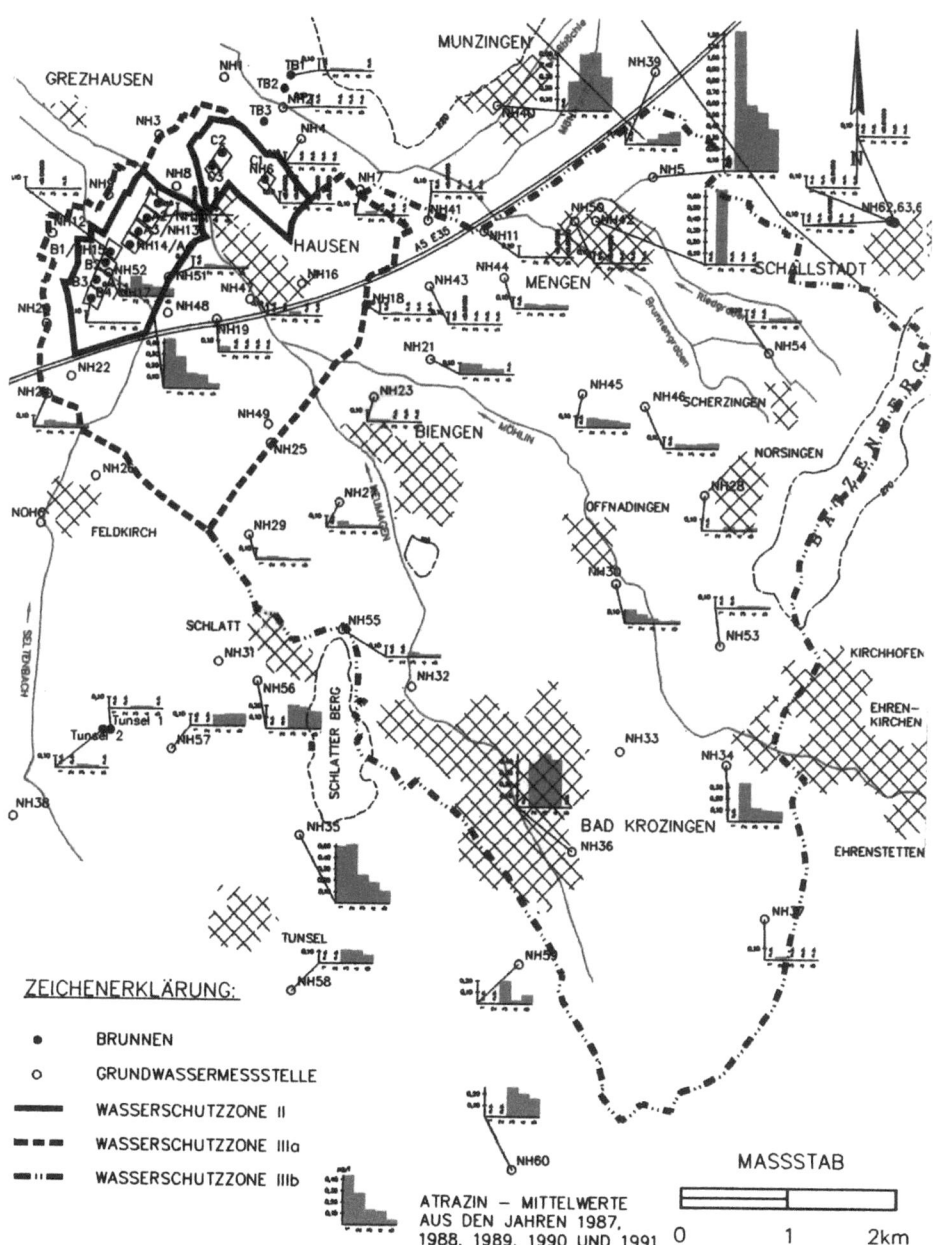

Abb. 12-4. Gemessene Atrazinkonzentrationen im Grundwasser

-Terbuthylazin:
Terbuthylazin wurde nur in einzelnen Meßstellen im Untersuchungsgebiet nachgewiesen. Der Wirkstoff besitzt gegenüber Atrazin und Simazin nach Laborversuchen eine sehr viel geringere Mobilität (Häfner, 1989). Die vorliegenden Messungen im Grundwasser scheinen dies auch zu bestätigen. Terbuthylazin ist aber erst in den letzten Jahren als Ersatz für das seit Beginn der 50er Jahre eingesetzte Atrazin in den Handel gekommen, so daß die Anwendungszeiträume und damit die Grundwasserbelastung durch diese Wirkstoffe nicht direkt vergleichbar sind.

-Propazin:
Südlich der Ortschaft Mengen wurden in allen Messungen sehr hohe Propazinkonzentrationen (>1000 ng/l) im Grundwasser gefunden, die durch die örtliche Anwendung verursacht worden sind. Der Wirkstoff wurde an den im Unterstrom gelegenen PSM-Meßpunkten nie nachgewiesen.

Obwohl Atrazin im gesamten Untersuchungsgebiet angewendet wird, treten in Teilbereichen deutlich erhöhte Konzentrationen im Grundwasser auf. Ein Grund hierfür liegt vermutlich in den Flurabständen, die zwischen 2 m am Batzenberg und 11 m in Brunnennähe variieren. Hohe Atrazinkonzentrationen im Grundwasser treten i.allg. in Gebieten mit Flurabständen zwischen 2 m und 6 m auf. Bei Flurabständen über 6 m wurden nur in Einzelfällen erhöhte Atrazinwerte im Grundwasser gefunden. Neben den Flurabständen bewirken eine Reihe weiterer Faktoren, wie z. B. der Bodenaufbau, die Anwendungsdauer des Wirkstoffes und die hydrologischen Bedingungen (z. B. Nähe von Oberflächengewässern), einen verstärkten bzw. verminderten Eintrag in das Grundwasser.

12.1.5.3 PSM-Konzentrationen in Oberflächengewässern

Die verschiedenen Gewässer im Untersuchungsgebiet zeigen i.allg. ein Maximum der PSM-Belastung im Frühjahr/Sommer. Diese erhöhten Konzentrationen können z. B. durch Abschwemmung nach starken Niederschlägen oder infolge der Abdrift bei der Anwendung verursacht werden. Je nach Einzugsgebiet zeigen die Gewässer dabei deutliche Unterschiede in der Höhe der Belastung sowie in der Art der nachweisbaren Wirkstoffe:

-Möhlin und Neumagen:
Die wichtigsten Gewässer im Untersuchungsgebiet weisen nur eine geringe PSM-Belastung auf. Dabei liegen die Belastungen in der Möhlin im Bereich von bis zu 200 ng/l, die des Neumagen dagegen unter 100 ng/l. In beiden aus dem Schwarzwald kommenden Gewässern wurde Simazin in ähnlicher Größenordnung wie Atrazin gefunden, die übrigen PSM konnten nicht nachgewiesen werden.

-Seltenbach:
Im Seltenbach liegt vor allem Atrazin und sein Metabolit in Konzentrationen bis zu 500 ng/l vor, Simazin weist ebenso wie Terbuthylazin und Metolachlor geringere Gehalte auf.

-Gewässer zwischen Tuni- und Batzenberg:
Bei diesen Gewässern handelt es sich um kleinere Vorfluter, die das intensiv durch Wein- und Obstbau genutzte Gebiet zwischen Batzen- und Tuniberg sowie Teile dieser Vorberge entwässern. Die meisten der Bäche haben eine geringe Wasserführung, z. T. fallen sie auch im Sommer trocken. Durch die wechselnde Wasserführung und die Nähe zu den landwirtschaftlichen Flächen wechseln sowohl die Konzentrationen als auch die Wirkstoffpalette zwischen den einzelnen Beprobungen sehr stark. Bei den meisten Beprobungen wurde mehr Desethylatrazin als Atrazin und Simazin gefunden, an allen Probenahmestellen konnte auch häufig Terbuthylazin und vereinzelt Metolachlor nachgewiesen werden.

-Quellen:
Am Rande des Tuniberges liegt die Weiherquelle, die hohe Simazin- und geringere Desethylatrazin- und Atrazinbelastungen aufweist. Dies deutet auf den häufigen Simazineinsatz im Weinbau hin, da der Zufluß zur Weiherquelle aus dem Tunibergbereich stammt.

12.1.6 Zeitliche Entwicklung der PSM-Belastung in Grund- und Oberflächenwasser

Durch die Vielzahl der Einflußgrößen schwankt der zeitliche Verlauf der PSM-Gehalte an den einzelnen Meßpunkten sehr stark. Wenn jedoch die Jahresmittelwerte 1988-1991 zur Auswertung herangezogen werden, zeichnet sich ein deutlicher Rückgang der Grund- und Oberflächenwasserbelastung mit den Wirkstoffen Atrazin und Simazin ab. Die Hauptursache für den Rückgang der Belastung des Untersuchungsgebietes dürfte in der verringerten Anwendung dieser Stoffe liegen. Der Metabolit Desethylatrazin sowie der Wirkstoff Terbuthylazin zeigen im Beobachtungszeitraum jedoch keinen eindeutigen zeitlichen Trend.

Es ist nicht möglich, die an einer Meßstelle im Untersuchungsgebiet gemessene PSM-Belastung direkt mit der Belastung an einer im Unter- bzw. Oberstrom gelegenen Meßstelle in Verbindung zu bringen, da der Abstand zwischen den einzelnen Meßpunkten zu groß ist. Durch die großen Entfernungen benötigt das Grundwasser eine Fließzeit von mehreren Jahren, um von einer Meßstelle zu der nächsten zu gelangen. Zwischen den einzelnen Meßpunkten erfolgt ein zusätzlicher PSM-Eintrag in das Grundwasser. Jede Meßstelle zeigt daher spezielle Charakteristiken, die durch das jeweilige örtliche Einzugsgebiet geprägt sind.

In den Abbildungen 12-5a-d sind die Ganglinien ausgewählter Grundwasser- und Oberflächengewässermeßpunkte vorgestellt, um die zeitliche Variabilität der PSM-Funde im Untersuchungsgebiet wiederzugeben (Lage der Meßpunkte siehe Abbildung 12-1):

-Meßstelle NOH2 (Seltenbach nahe Brunnen):
Das Gewässer ist vor allem mit Atrazin und Desethylatrazin, aber auch mit Simazin, Terbuthylazin und Metolachlor belastet. In den Sommermonaten treten immer die höchsten Atrazin-, Simazin- und Terbuthylazinwerte auf. Bei Desethylatrazin ist dieses Verhalten nicht so ausgeprägt. Im Jahr 1991 fehlt das Maximum in den PSM-Konzentrationen.

-Meßstelle NOH4 (Möhlin bei Hausen):
Die Belastungen in der Möhlin sind seit dem Jahr 1988 deutlich zurückgegangen. Ebenso wie im Seltenbach sind auch in der Möhlin ausgeprägte Maxima der PSM-Belastung im Sommer zu erkennen. Simazin tritt in der gleichen Größenordnung wie Atrazin auf.

-Meßstelle NOH13 (Mättlegraben in Munzingen):
Dieser kleine Vorfluter fällt zeitweise trocken (z. B. Sommer 1991). Die PSM-Gehalte schwanken sehr stark und lassen nur sehr begrenzt ein Maximum in den Som-

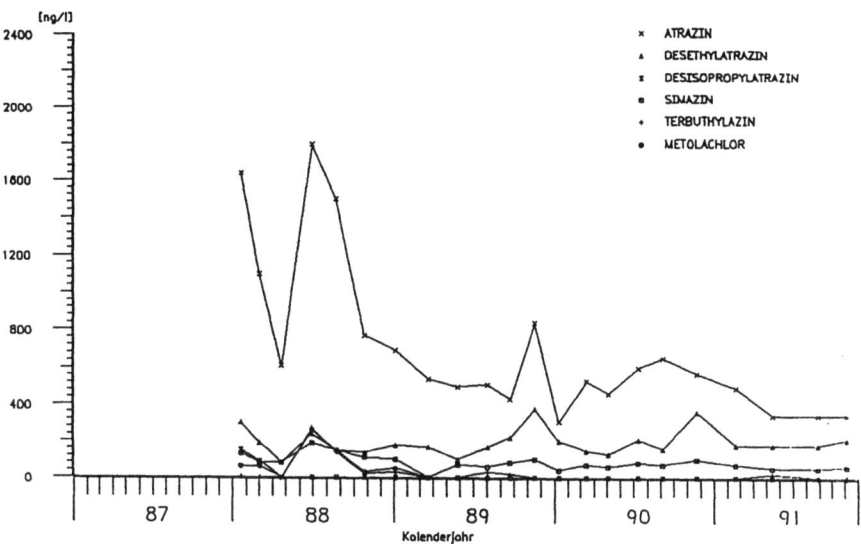

Abb. 12-5a. PSM-Konzentrationen im Grundwasser (Meßstelle NH5)

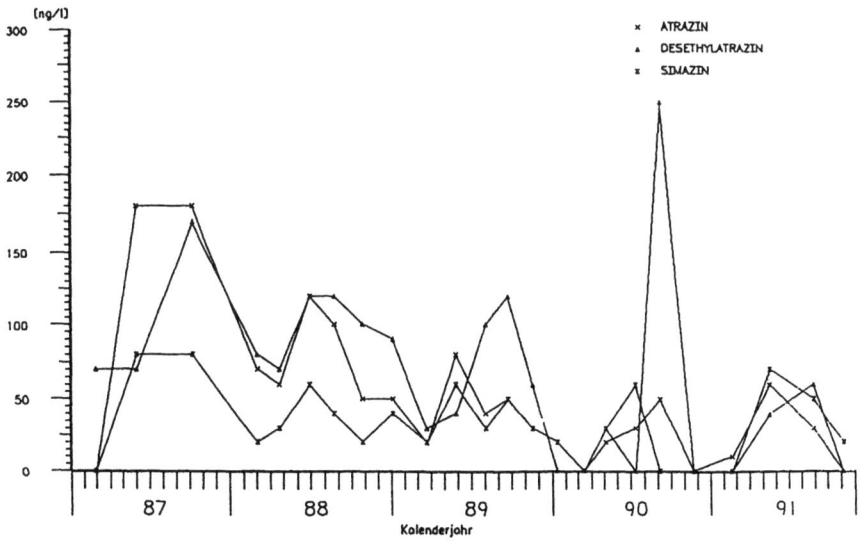

Abb. 12-5b. PSM-Konzentrationen im Grundwasser (Meßstelle NH30)

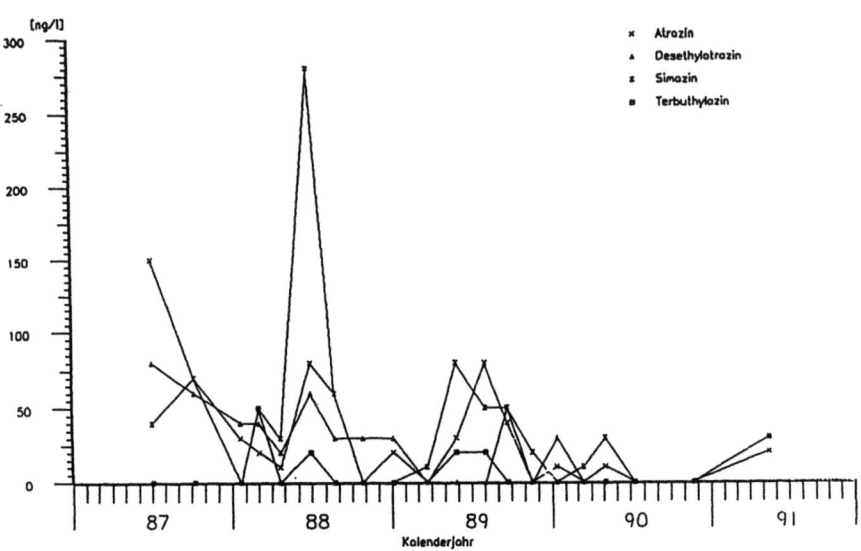

Abb. 12-5c. PSM-Konzentrationen in Oberflächengewässern (Möhlin)

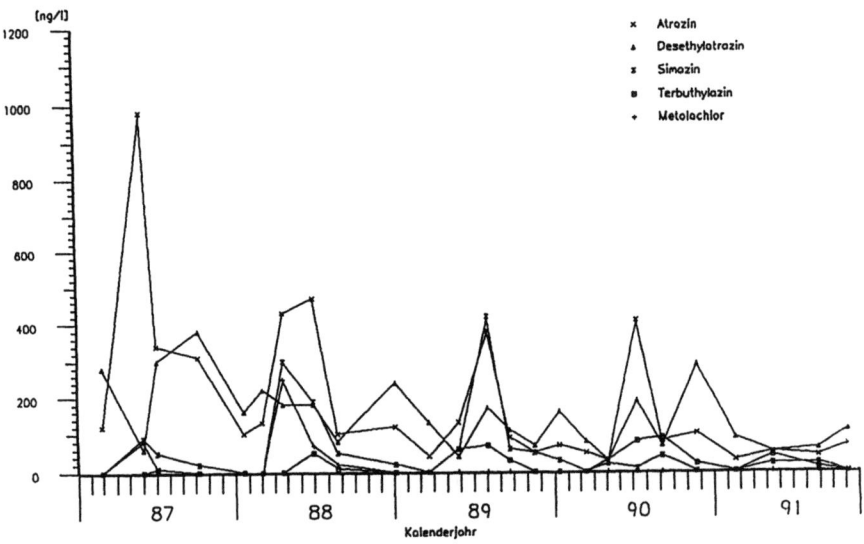

Abb. 12-5d. PSM-Konzentrationen in Oberflächengewässern (Seltenbach)

mermonaten (z. B. 1989) erkennen. Wie schon im Seltenbach treten auch im Mättlegraben häufig Terbuthylazin und Metolachlor auf.

-Grundwassermeßstelle NH5 (nordöstlich Mengen):
Die Atrazinbelastungen in dieser Meßstelle nehmen im Zeitraum 1988-1991 ab, gleichzeitig nehmen die Desethylatrazingehalte leicht zu. Im Jahr 1988 ist noch ein deutliches Maximum der Atrazinkonzentrationen im Sommer zu erkennen, im Jahr 1990 auch noch ein leichter Anstieg. Ob diese Extrema in der Ganglinie auf einen Stoffeintrag mit der Niederschlagszusickerung zurückzuführen sind, kann derzeit nicht mit Sicherheit beantwortet werden. Der Flurabstand liegt im Bereich der Meßstelle bei 5 - 6 m.

-Grundwassermeßstelle NH30 (südlich Offnadingen an der Möhlin):
Diese Meßstelle zeigt einen ausgeprägten zeitlichen Verlauf mit Maxima der PSM-Konzentrationen im Sommer und Herbst und Minima im Frühjahr. Der Metabolit des Atrazins tritt i.allg. in größeren Konzentrationen als der Ausgangsstoff auf, die Simazinbelastungen liegen in ähnlicher Größenordnung wie die Atrazingehalte im Grundwasser vor. Die Meßstelle liegt nahe der Möhlin und wird mit Sicherheit von diesem Vorfluter in ihrer Qualität beeinflußt (Flurabstand 3 m).

-Grundwassermeßstelle NH35 (nördlich Tunsel):
In dieser Meßstelle liegt der Metabolit des Atrazins in deutlich höheren Konzentrationen als der Ausgangsstoff im Grundwasser vor. Beide Stoffgehalte zeigen die gleiche zeitliche Entwicklung in den Jahren 1989-1991, die maximale Desethylatrazinkonzentration wurde 1988, die höchste Atrazinbelastung dagegen 1987 gemessen. Offenkundig hat sich durch den Rückgang der Anwendung im Einzugsbereich dieser Meßstelle der Eintrag in das Grundwasser deutlich verringert (Flurabstand 3 m).

Ein Teil der Meßstellen weist ausgeprägte Extrema in den zeitlichen Ganglinien auf, die evtl. auf einen PSM-Eintrag infolge der Niederschlagszusickerung zurückgeführt werden können, andere Meßstellen sind dagegen durch den Einfluß der nahegelegenen Gewässer geprägt. Da für die Meßstellen nicht alle örtlichen Einflußgrößen bekannt sind und die Höhe des PSM-Einzelwertes auch noch von dem Meßstellenausbau, der Filtertiefe, der Probenahme und der Analytik abhängt, erscheint eine detaillierte Interpretation der Einzelganglinien derzeit nicht sinnvoll. Es werden daher für die weitere Betrachtung die Jahresmittelwerte an den einzelnen Meßpunkten zugrunde gelegt.

12.1.7 Berechnung der Ausbreitung von PSM im Grundwasser

12.1.7.1 Modellkonzeption

Die Modellkonzeption zu Berechnung des PSM-Transports im Untersuchungsgebiet Hausen beinhaltet folgende Schritte:

- Aufbau eines großflächigen Grundwasserströmungsmodells,
- Berechnung des Strömungsfeldes,
- Berechnung der Fließgeschwindigkeiten und Fließzeiten,
- Erstellung der Grundwasserbilanz für den Gesamtraum,

- Aufbau eines Transportmodells,
- Ermittlung des PSM-Eintrags in das Grundwasser,
- Berechnung großflächiger Veränderungen der PSM-Konzentrationen,
- Erstellung von Stoffbilanzen für den Gesamtraum.

12.1.7.2 Aufbau des Strömungsmodells

Zur Berechnung der Grundwasserströmung wurde ein 2-dimensional, horizontal ebenes Strömungsmodell eingesetzt. Verwendet wurde ein Quadratraster mit einer Maschenweite von $\Delta x = 200$ m und $47 \times 54 = 2538$ Knotenpunkten (aktive Gebietsfläche = 52,8 km^2). Als Grundlage für die Eichung dienten die in Abschnitt 12.1.1 bis 12.1.3 gebenen Meßdaten. Die Modelleichung beinhaltet die Anpassung der berechneten Grundwasserhöhen an die gemessen Werte. Dies geschieht durch Variation der einflußnehmenden Parameter: Transmissivität, Grundwasserneubildung sowie In- bzw. Exfiltration von Oberflächengewässern. Im Verlauf des Eichprozesses werden dann die Werte innerhalb einer gewissen Bandbreite variiert, bis eine im Rahmen der Meßgenauigkeit liegende Übereinstimmung zwischen den berechneten und den gemessen Standrohrspiegelhöhen erreicht ist. Aus der Modelleichung folgt u. a. der Grundwasserumsatz im gesamten Untersuchungsgebiet.

Tabelle 12-3. Grundwasserbilanz im Untersuchungsgebiet

Zufluß	[l/s]	Abfluß	[l/s]
Grundwasserneubildung	266	Grundwasserentnahmen	232
Infiltration aus Vorflutern	180	Abfluß in Vorfluter	-
Randzustrom	82	Randabfluß	296
Summe	528	Summe	528

12.1.7.3 Abschätzung des Atrazineintrags in das Grundwasser

Die globale Abschätzung des flächenhaften Eintrags von PSM in das Grundwasser basiert auf der mit Hilfe des Grundwasserströmungsmodells ermittelten Grundwasserbilanz und den im Grund- und Oberflächenwasser gemessenen PSM-Konzentrationen. Hierbei wird der gesamte Grundwasserleiter als ein gut durchmischtes Reservoir ("Single mixed - cell") betrachtet, dessen Stoffkonzentration sich infolge von Zu- und Abflüssen sowie biochemischen Reaktionen ändern kann (MERCADO, 1976). Unter der Annahme stationärer Verhältnisse ergibt sich für ein solches Reservoir folgende Stoffbilanzgleichung:

$$\Sigma (Q_{in} C_{in}) - \Sigma (Q_{out}) C = 0 \qquad (12\text{-}1)$$

wobei: Q_{in} Wasserzuflüsse
         Q_{out} Wasserabflüsse
         C Stoffkonzentration in der Zelle
         C_{in} Stoffkonzentration in den Zuflüssen

Für die Wasserbilanz im stationären Zustand gilt:

$$\Sigma Q_{out} = \Sigma Q_{in} \qquad (12\text{-}2)$$

Im Untersuchungsgebiet gelangen die PSM sowohl durch Zusickerung mit dem Niederschlagswasser (Q_{neu}, C_{neu}) als auch durch Infiltration aus den Vorflutern (Q_{inf}, C_{inf}) in das Grundwasser. Ferner erfolgt ein Zustrom über den Gebietsrand

Q_{rnd}. Diesem wird die gleiche Konzentration C wie dem Grundwasser im Untersuchungsgebiet zugewiesen. Unter Berücksichtigung der Wasserbilanz lautet damit die obige Stoffbilanzgleichung :

$$Q_{inf} C_{inf} + Q_{neu} C_{neu} + Q_{rnd} C - (Q_{rnd} + Q_{inf} + Q_{neu}) C = 0 \qquad (12\text{-}3)$$

bzw. nach der Sickerwasserkonzentration C_{neu} aufgelöst :

$$C_{neu} = Q_{inf} C + Q_{neu} C - Q_{inf} C_{inf} / Q_{neu} \qquad (12\text{-}4)$$

Am Beispiel des Atrazins sind in Tabelle 12-4 für die Jahre 1988 - 1991 die einzelnen Größen aufgelistet. In die Bilanzierung für Atrazin muß auch der Metabolit Desethylatrazin, miteinbezogen werden, da dieser Stoff in ähnlichen, z. T. sogar höheren Konzentrationen als der Ausgangsstoff im Grundwasser auftritt (Häfner, 1989). Desethylatrazin entsteht durch mikrobiellen Abbau aus dem Atrazin. Diese Metabolisierung findet vermutlich vor allem in der ungesättigten Zone statt, da die mikrobielle Aktivität im Grundwasser stark reduziert ist.

Die gemessenen mittleren Atrazin- und Desethylatrazinkonzentrationen (1 ng/l = 10^{-9} g/l) im Grundwasser C und die mittleren Belastungen von Möhlin und Neumagen mit diesen Stoffen C_{inf} sind in den ersten Zeilen von Tabelle 12-4 angegeben. Die Sickerwasserbelastung ist deutlich höher als die Grundwasserkonzentration, da die Vorfluter eine große Menge gering belasteten Wassers in die Bilanzrechnung einbringen. Nach der Flächennutzung werden ca. 50 % der Gesamtfläche durch Maisanbau genutzt (Tabelle 12-1).

Die mit den aus dem Grundwassermodell bekannten Wassermengen (Tabelle 12-3) berechteten Sickerwasserbelastungen C_{neu} sind in Zeile 4 der Tabelle 12-4 aufgeführt. Ein Stoffabbau wurde zunächst nicht berücksichtigt. In der letzten Zeile der Tabelle 12-4 ist die Gesamtmenge an Atrazin angeben, die mit dem Sickerwasser pro Jahr in das Grundwasser gelangt (Stofffracht). Die Stofffracht J_a ergibt sich durch Multiplikation der Sickerwasserkonzentration C_{neu} mit der Grundwasserneubildung Q_{neu}.

Tabelle 12-4. Atrazin und Desethylatrazinbelastungen im Untersuchungsgebiet

		1988	1989	1990	1991
Atrazin					
C	[ng/l]	160	100	90	70
C_{inf}	[ng/l]	25	10	10	10
C_{neu}	[ng/l]	250	160	140	110
Stoffeintrag	[kg/a]	2,1	1,3	1,2	0,9
Desethylatrazin					
C	[ng/l]	145	190	135	140
C_{inf}	[ng/l]	25	15	10	10
C_{neu}	[ng/l]	225	300	220	230
Stoffeintrag	[kg/a]	1,9	2,5	1,9	1,78
Stoffeintrag insgesamt	[kg/a]	4,0	3,8	3,1	2,9

Um die im Jahr 1988 ermittelten mittleren Atrazin- und Desethylatrazinkonzentrationen im Grundwasser von 160 ng/l bzw. 145 ng/l im Bilanzgebiet zu erreichen, ist demnach ein Eintrag von ca. 4 kg Wirkstoff über Sickerwasser und Infiltration aus den Vorflutern pro Jahr erforderlich. Geht man davon aus, daß etwa auf ca. 50 % der Gesamtfläche des Untersuchungsgebietes Maisanbau betrieben (Tabelle 12-1) und Atrazin angewendet wird, so beträgt die bei einer durchschnittlichen Aufwandmenge von 1,5 kg/(ha·a) insgesamt im Untersuchungsgebiet aufgebrachte Wirkstoffmenge 4000 kg/a. Von dieser Menge gelangten im Jahr 1988 überschlägig 0,1 % (= 1,5 g/ha; 0,8 g/ha Atrazin + 0,7 g/ha Desethylatrazin) in das Grundwasser.

Bei den durchgeführten Bilanzierungen muß berücksichtigt werden, daß das im Grundwasser gefundene Atrazin nicht unbedingt auf die im jeweiligen Jahr ausgebrachte Menge zurückzuführen ist. Der zeitliche Verlauf der Verlagerung des Wirkstoffes von der Erdoberfläche bis zum Grundwasser ist von vielen Faktoren abhängig, u.a. von der Rückstandssituation im Boden (Vorbelastung), den Witterungsverhältnissen, dem Bodenaufbau und dem Flurabstand. Zudem wurde in Säulenversuchen eine deutlich erhöhte Mobilität des Metaboliten Desethylatrazin gegenüber dem Ausgangsstoff festgestellt (Häfner, 1989). Die aus den Bilanzierungen gewonnenen Aussagen und Mengen sind daher als Bezugsgröße zu sehen, die eine Größenordnung für die Belastung des Grundwassers angeben.

Der mittels der beschriebenen, einfachen Bilanzrechnung für das Untersuchungsgebiet ermittelte Atrazineintrag in das Grundwasser von etwa 0,1 % der Aufwandmenge deckt sich mit den Ergebnissen anderer Untersuchungen. In Nebraska wurden unter bewässerten Feldern in 1,5 m Tiefe noch 0,08 % (= 0,3 g/ha) der Atrazinaufwandmenge wiedergefunden (Wethje et al., 1981). Diese Werte stiegen bei nachfolgenden Untersuchungen sogar bis auf 5,5 g/ha an. Für sandige Böden in Schleswig-Holstein wurde unter langjährigen Maisanbauflächen ein Eintrag von 0,08 % (= 1 g/ha) der ausgebrachten Menge ermittelt (Friesel et al., 1987). Von Giessl (1988) wurde in Drainagen ein Austrag von 0,07 % der eingesetzten Atrazinmengen gemessen. Der selbe Autor schätzte bei Bilanzierungen in Wassereinzugsgebieten auf der Schwäbischen Alb den Eintrag von Atrazin in das Grundwasser auf 0,2 - 4,5 % der Aufwandmenge. Die bisher durchgeführten Abschätzungen des Stoffeintrages in das Grundwasser beinhalten einige Unsicherheiten, auch als Folge der nachstehenden Annahmen:

– Atrazin wurde nicht nur im Maisanbau eingesetzt, d. h. die insgesamt ausgebrachte Wirkstoffmenge im Untersuchungsgebiet kann deutlich höher liegen. Damit würde der prozentuale Anteil des Austrages wiederum absinken.
– Seit 1987 unterliegt Atrazin deutlichen Anwendungsbeschränkungen: Anwendung auf Flächen mit Mais noch mit Mengen bis zu 1 kg/(ha · a) und im Nachlauf bis 30.6. Seit Januar 1991 ist die Atrazinanwendung verboten. In den Atrazinbelastungen des Grundwassers kann dementsprechend auch in den Jahren 1990/91 ein Rückgang der Konzentrationen festgestellt werden.
– Voraussetzung stationärer Grundwasserströmungsverhältnisse, d.h. für jedes Jahr wurde die gleiche Wasserbilanz angesetzt.
– Vernachlässigung des Abbaus von Atrazin im Grundwasser.
– Es wurde von einer mittleren Grundwasserbelastung im gesamten Untersuchungsgebiet ausgegangen, tatsächlich zeigen die Messungen an den Beobachtungspunkten jedoch eine räumlich differenzierte Belastung des Grundwassers.

12.1.7.4 Simulation der Atrazinausbreitung (stationäre Betrachtung)

Für die weiteren Berechnungen wurde das von Boochs und Mull (1990) entwickelte Multi-mixed-cell-Stofftransportmodell eingesetzt, bei dem auch Dispersions-, Sorptions- und Abbaueffekte berücksichtigt werden können. Das Modell beruht auf der in den Gleichungen (12-1) und (12-2) gegebenen Stoff- und Wasserbilanz, welche nunmehr auf mehrere Volumenelemente angewendet wird. Während für den Einsatz des Single-mixed-cell-Modells die Kenntnis der Grundwasserbilanz ausreichend ist, muß jetzt die Grundwasserströmung in jeder Zelle bekannt sein. Die bei jedem Zellenelement zu- und abfließenden Wassermengen erhält man aus dem Strömungsmodell.

In einem ersten Schritt galt es, die gemessene Atrazinverteilung von 1988 für den stationären Fall nachzubilden. Als Stoffeintrag wurde zunächst für alle landwirtschaftlich genutzten Flächen des Untersuchungsgebietes die sich aus der globalen Abschätzung des Atrazineintrags ergebende Sickerwasserkonzentration von 250 ng/l (Atrazin) angesetzt (Tabelle 12-4). Es war weder hinsichtlich der Bodenart noch des Flurabstandes ein Zusammenhang mit der PSM-Belastung des Grundwassers festzustellen, so daß von dieser Seite eine Differenzierung des Eintrags nicht sinnvoll erschien. Die Wasserflüsse wurden aus dem Grundwasserströmungsmodell übernommen. Mit der Zunahme der Grundwasserneubildung von West nach Ost steigt der Atrazineintrag von 0,2 g/ha im Bereich der Förderbrunnen bis auf 0,7 g/ha am westlichen Rand des Einzugsgebietes an.

In Abbildung 12-6 ist das beste Ergebnis bei den Berechnungen der stationären Atrazinverteilungen dargestellt. Berücksichtigt wurde hierbei eine Abminderung der Konzentration mit einer Halbwertszeit von 3 Jahren. Wesentliche Verbesserungen ließen sich nicht mehr erzielen. Ein differenzierter Stoffeintrag entsprechend der

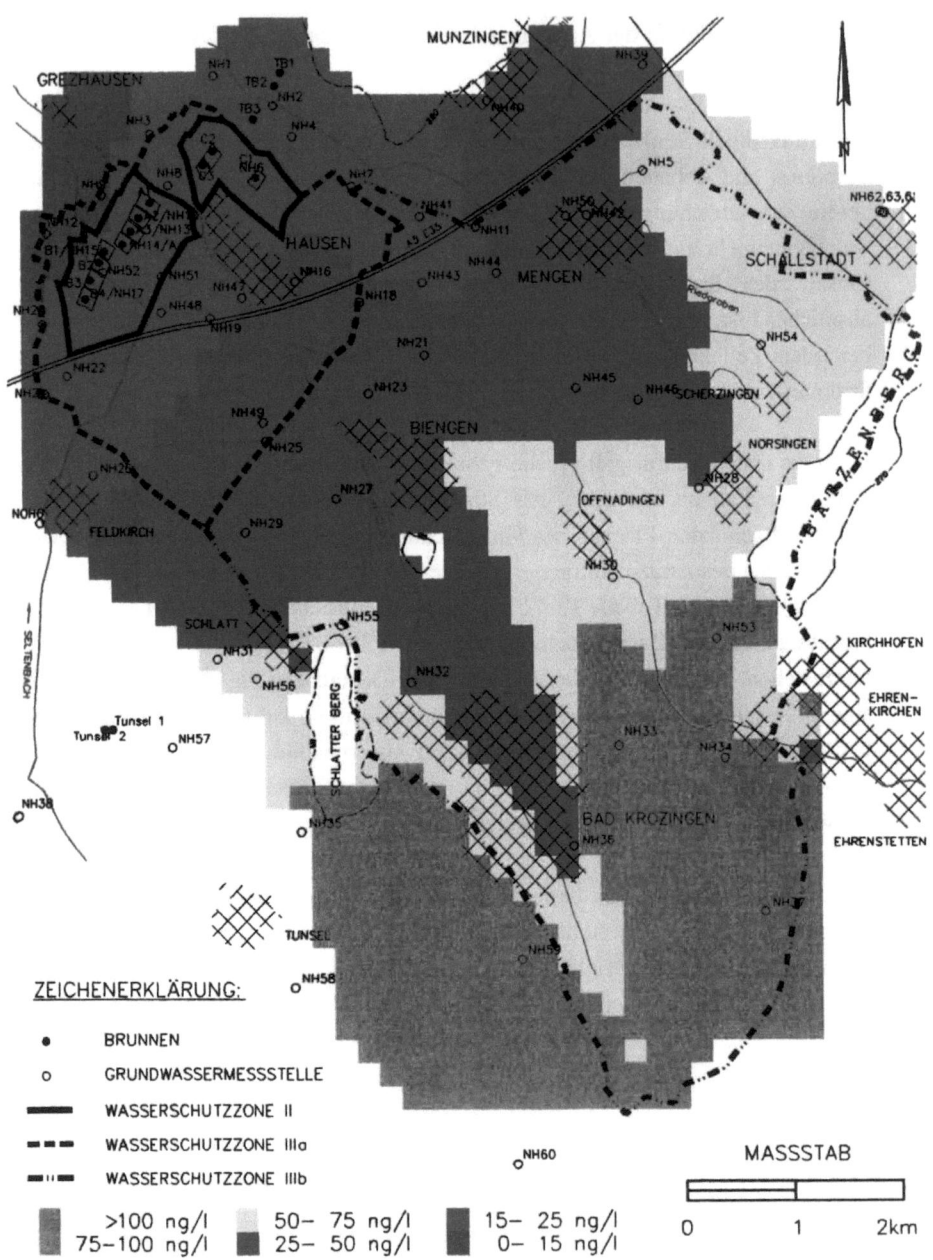

Abb. 12-6. Berechnete Atrazinverteilung (stationärer Zustand mit Abbau)

tatsächlichen Landnutzung zeigte ebenso wie die Berücksichtigung der Dispersion nur geringe Auswirkungen.

Die mit dem Modell berechnete Konzentrationsverteilung zeigt eine gute Übereinstimmung mit den Messungen. Die Schwerpunkte der Atrazinbelastung liegen in den westlichen und südlichen Teilen des Untersuchungsgebietes. Im Nahbereich der Förderbrunnen liegen die Werte unter 20 ng/l. Der Vergleich mit den Messungen zeigt aber auch, daß in einzelnen Meßstellen durch lokale Einflüsse größere Belastungen verursacht werden, die nicht auf das Gesamtgebiet zu übertragen sind.

12.1.7.5 Abschätzung der Halbwertszeit für den Abbau von Atrazin im Grundwasser

Die PSM-Konzentration im Rohwasser eines Grundwasserförderbrunnens läßt sich in 1. Näherung aus dem Quotienten der in das Grundwasser eindringenden Wirkstoffmenge, vermindert durch einen den Abbau berücksichtigenden Faktor α, und der durchströmten Grundwasserleitermächtigkeit ermitteln.

$$C_{Br} = \frac{j_{PSM}}{n_a \cdot m} \cdot \alpha(t,\lambda) \cdot 100 \qquad (12\text{-}5)$$

mit
- C_{Br} Konzentration im geförderten Rohwasser [ng/l]
- j_{PSM} PSM Eintrag in das Grundwasser [g/(ha·a)]
- m mittlere Grundwasserleitermächtigkeit [m]
- n_a durchflußwirksamer Hohlraumanteil [-]
- α Verminderungsfaktor [Jahr]

Der Verminderungsfaktor α ist abhängig von der Verweilzeit t des Wirkstoffs im Grundwasser und von der Abbaukonstanten λ bzw. der Halbwertszeit DT_{50}. Der Zusammenhang ist in Abbildung 12-7 graphisch dargestellt.

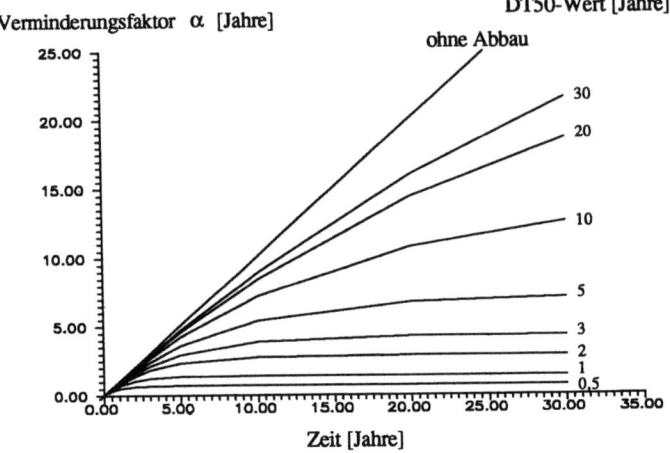

Abb. 12-7. Abhängigkeit des Verminderungsfaktors α von der Verweilzeit t des Wirkstoffs im Grundwasser und von der Halbwertszeit DT_{50}

Nach Gleichung 12-5 ergibt sich damit bei folgenden Eingabeparametern:

- Atrazinfracht in das Grundwasser   0,8 g/(ha ·a)
- Mächtigkeit des Grundwasserleiters   80 m
- durchflußwirksamer Hohlraumanteil   0,2

nach 10 Jahren im geförderten Rohwasser des Wasserwerks Hausen ohne Abbau eine Atrazinkonzentration von

$$C_{Br} = 0{,}8 / (0{,}2 \cdot 80) \cdot 10 \cdot 100 = 50 \text{ ng/l}$$

Bei einer Halbwertszeit von $DT_{50} = 3$ ($\alpha = 3{,}89$) Jahren ergibt sich ein Wert von

$$C_{Br} = 0{,}8 / (0{,}2 \cdot 80) \cdot 3{,}89 \cdot 100 = 19 \text{ ng/l}$$

und für $DT_{50} = 1$ ($\alpha = 1{,}44$) Jahr erhält man:

$$C_{Br} = 0{,}8 / (0{,}2 \cdot 80) \cdot 1{,}44 \cdot 100 = 7{,}2 \text{ ng/l}$$

Da in dem Bereich von 10 ng/l liegende Atrazin- und Desethylatrazinkonzentrationen bereits wiederholt in den Wasserwerksbrunnen gefunden wurden, kann man von einer Halbwertszeit für den Atrazinabbau im Grundwasser von DT_{50} = 1 - 3 Jahren ausgehen.

12.1.7.6 Simulation der Atrazinausbreitung (instationäre Betrachtung)

Die instationären Berechnungen gehen von einem unbelasteten Grundwasserleiter und von einem gleichbleibenden Stoffeintrag wie im zuvor geschilderten stationären Fall aus. Abbildung 12-8 zeigt den Anstieg der Atrazinbelastungen in einem Förderbrunnen des Wasserwerks für die Fälle mit und ohne Abbau des Wirkstoffs. Ohne Abbau erreicht das aus dem Brunnen geförderte Grundwasser nach etwa 10 Jahren eine Konzentration von 40 ng/l. Mit Abbau, bei einer Halbwertszeit von 3 Jahren, beträgt die Konzentration nach der gleichen Zeit nur noch 10 ng/l. Wie oben bereits gesagt, wurden in diesem Bereich liegende Atrazin- und Desethylatrazinkonzentrationen wiederholt in den Wasserwerksbrunnen gefunden.

Als Folge der eingestellten bzw. verminderten Anwendung nehmen die Atrazinkonzentrationen im Grundwasser seit 1988 ab. Ausgehend von der ermittelten Konzentrationsverteilung für 1988 wurde daher mit dem Transportmodell die weitere Entwicklung der Atrazinkonzentration im Grundwasser ohne Stoffeintrag berechnet. Abbildung 12-9 zeigt die Konzentrationsabnahme an zwei ausgewählten Meßstellen und in den Förderbrunnen des Wasserwerks.

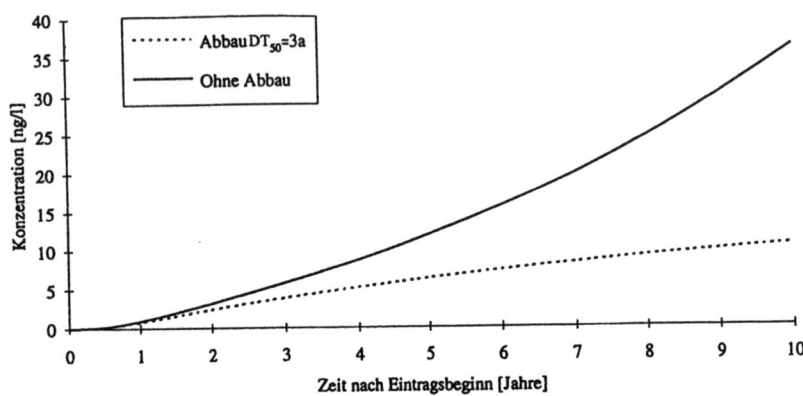

Abb. 12-8. Berechneter Konzentrationsanstieg in Förderbrunnen des Wasserwerks ohne und mit Abbau

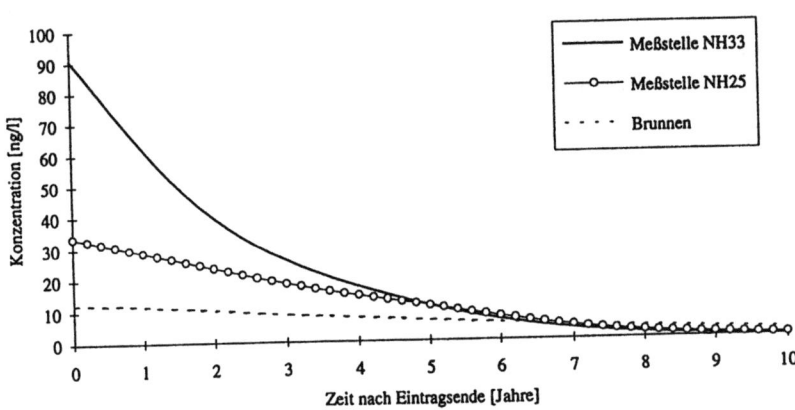

Abb. 12-9. Berechnete Konzentrationsabnahme in Förderbrunnen des Wasserwerks und ausgewählten Meßstellen ohne weitere PSM-Einträge mit Abbau

12.2 Abschätzung der Belastung des Rohwassers von Grundwasserförderbrunnen durch PSM

Jeder Brunnen und jede Quelle, aus der Wasser entnommen wird, hat ein Einzugsgebiet, aus dem das Wasser stammt. In den meisten Fällen ist ein Zuordnen des Einzugsgebietes zu einem Brunnen oder einer Quelle möglich. Nur die Pflanzenschutzmittel, die innerhalb dieser Einzugsgebiete zur Grundwasseroberfläche kommen, können an die Entnahmestelle gelangen. Eine Abschätzung der zu erwartenden Konzentration von PSM im Brunnen- oder Quellwasser ist möglich, wenn das Einzugsgebiet und die pro Zeit- und Flächeneinheit zum Grundwasser gelangende PSM-Menge ermittelt werden können. Für diese Berechnungen wird ein mehrstufiges Verfahren vorgeschlagen.

Im ersten Näherungsschritt ist die Fläche des Einzugsgebietes in eintragsrelevante Teilflächen zu untergliedern. Solche Flächen sind acker- und gartenbaulich genutzte Flächen und Eisenbahnstrecken. Auf diesen Flächen ist der Eintrag an PSM in die Grundwasseroberfläche zu ermitteln. Wird die Verringerung der eingetragenen Masse durch biochemischen Abbau oder irreversible Adsorption vernachlässigt, ergibt sich die resultierende Konzentration der PSM im Brunnen C_{Br} zu:

$$C_{Br} = \frac{\sum_i q_i \cdot C_i \cdot A_i + Q_{zu} \cdot C_{zu}}{Q_{Br}} \qquad (12\text{-}6)$$

wobei: C_i PSM-Konzentration im Sickerwasser, welches die Grundwasseroberfläche in der i-ten Parzelle erreicht
q_i Sickerwasserrate in der jeweiligen Parzelle
Q_{Br} Entnahme aus dem Brunnen (der Quelle)
Q_{zu} unterirdischer Zufluß
C_{zu} PSM-Konzentration im unterirdischen Zufluß
A_i Fläche der jeweiligen Parzelle

Sollte diese Berechnung zu Konzentrationen von PSM im Brunnenwasser oder im Quellwasser führen, die weit unter der zulässigen Höchstkonzentration liegen, ist der Nachweis erbracht, daß die Beeinflussung der Rohwasserqualität im Rahmen des Tolerierbaren liegt.

Sollten sich Werte ergeben, die im Bereich der Grenzwerte liegen, ist mit einer zweiten Näherung zu rechnen, in der der Abbau der PSM und die irreversible Adsorption berücksichtigt werden:

$$C = C_0 \cdot e^{-\lambda \cdot t} \qquad (12\text{-}7)$$

wobei: λ Abbaukonstante
t Laufzeit der Stoffe vom Ort des Eintrags in die Grundwasseroberfläche bis zum Brunnen.

In der Praxis wird oft nicht die Abbaukonstante, sondern die Halbwertszeit DT_{50} angegeben. Die Halbwertszeit ist die Zeit, in der die Hälfte des Ausgangsstoffes abgebaut ist. Beide Größen sind miteinander verknüpft durch die bereits in Kapitel 5 angegebene Gleichung (5-15):

$$DT_{50} = \ln 2 / \lambda$$

Die Fließzeit errechnet sich aus dem Fließweg, dem hydraulischen Gefälle, der Durchlässigkeit und dem durchflußwirksamen Hohlraumanteil des Grundwasserleiters.

$$t = \frac{s}{v_a} = \frac{s \cdot n_a}{k_f \cdot I} \qquad (12\text{-}8)$$

wobei: s Fließweg vom Schwerpunkt der i-ten Parzelle bis zum Brunnen
I hydraulisches Gefälle
k_f Durchlässigkeit des Gesteins
n_a durchflußwirksamer Hohlraumanteil

Die Schwerpunkte der durchgeführten Untersuchungen lagen in der Ermittlung der Einträge von PSM in die Grundwasseroberfläche und der Abschätzung von Abbauraten in Grundwasserleitern.

Für den in Abbildung 12-10 dargestellten Fall eines in einem Einzugsgebiet mit unterschiedlicher Landnutzung liegenden Brunnens soll die PSM - Konzentration in dem geförderten Grundwasser ermittelt werden.

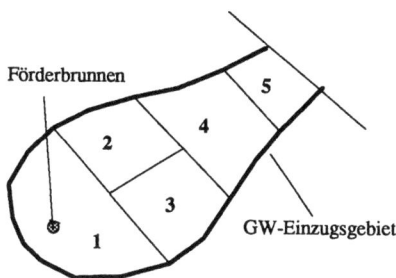

Abb. 12-10. Flächeneinteilung für Beispielrechnung

Das Einzugsgebiet wird zunächst entsprechend der Landnutzungen in einzelne Parzellen eingeteilt. Diesen Flächen wird dann eine entsprechende Neubildungsrate zugeordnet. Durch Multiplikation der Neubildungsrate mit der entsprechenden Sickerwasserkonzentration ergibt sich dann die mit dem Sickerwasser in das Grundwasser eingebrachte Stofffracht. Die einzelnen Werte sind in der nachfolgenden Tabelle 12-5 aufgelistet.

Tabelle 12-5. Eingabeparameter für die Beispielrechnung

Parzelle	Fläche	Landnutzung	Neubildungsrate	Neubildung	Sickerwasserkonzentration	Fracht
	[ha]		[l/(s ha)]	[l/s]	[µg/l]	[µg/s]
1	80	Wald	0,04	3,2	--	--
2	20	Grünland	0,05	1,0	0,2	0,2
3	20	Acker	0,06	1,2	0,3	0,36
4	20	Acker	0,06	1,2	0,3	0,36
5	10	Wald	0,04	0,4	--	--
Summe	150			7,0		0,92

Die Konzentration der PSM im geförderten Grundwasser ergibt sich dann nach Gleichung 12-6 aus der Division der Summe der Frachten durch die Summe der Neubildung zu:

$$C_{Br} = 0,92 / 7,0 = 0,13 \ [\mu g/l]$$

Ein Abbau wurde bei dieser 1. Näherung nicht berücksichtigt.

Für die Berechnung des Abbaus müssen zusätzlich die Fließzeit der PSM bis zum Brunnen und die Abbaukonstante λ bzw. der DT_{50}- Wert bekannt sein. Die Fließzeit erhält man aus der Division der Fließstrecke durch die Fließgeschwindigkeit. Als Fließweg s ist in erster Näherung der Abstand zwischen dem Mittelpunkt der jeweiligen Parzelle und dem Brunnen anzusetzen. Die Fließgeschwindigkeit (Abstandsgeschwindigkeit) errechnet sich aus dem hydraulischen Gefälle I, der Durchlässigkeit k_f und dem durchflußwirksamen Hohlraumanteil n_a.

Gegeben sei : Gefälle $I = 0,001$
                Durchlässigkeit $k_f = 1 \cdot 10^{-8}$ [m/s]
                Hohlraumanteil $n_a = 0,2$
                Halbwertszeit $DT_{50} = 4$ Jahre
                Abbaukonstante $\lambda = 0,173$ [1/Jahr]

Vereinfachend wird in diesem Beispiel von einer konstanten Fließgeschwindigkeit ausgegangen. Ist diese Voraussetzung nicht gegeben, muß die Fließzeit schrittweise ermittelt werden. Die im geförderten Grundwasser durch den Abbau verminderte PSM-Konzentration ergibt sich dann aus Gleichung 12-6. Die einzelnen Werte sind in Tabelle 12-6 aufgelistet.

Mit Abbau ergibt sich damit im Brunnen eine PSM-Konzentration von

$$C_{Br} = 0,67 / 7,0 = 0,096 \; [\mu g/l]$$

Dieser Wert ist etwa eine Zehnerpotenz geringer als der ohne Abbau.

Tabelle 12-6. Berechnete Parameter für Beispielrechnung mit Abbau

Parzelle	Fließstrecke [m]	Fließzeit [Jahre]	Konzentration C_0 [µg/l]	Konzentration C_i [µg/l]	Fracht [µg/s]
1	1000	-	-	-	-
2	2500	1,6	0,2	0,152	0,152
3	2500	1,6	0,3	0,228	0,274
4	3500	2,4	0,3	0,200	0,240
5	4500	-	-	-	-
Summe					0,67

Für weitere Berechnungen sind in Tabelle 12-7 DT_{50}-Werte ausgewählter Pflanzenschutzmittel für den Bereich des Grundwassers zusammengestellt.

Tabelle 12-7. Abbaukonstanten für ausgewählte Pflanzenschutzmittel im Grundwasser

Wirkstoff	DT_{50}-Werte [Tage]
Aldicarb	730-1095
Atrazin	200-981
Desmetryn	265-392
Lindan	67-268
Oxamyl	< 1
Terbuthylazin	191-700
Terbutryn	282-343

Es ist jedoch zu beachteten, daß mit obigem Schätzverfahren nur eine erste grobe Näherung der Belastung des Rohwassers in Grundwasserförderbrunnen gegeben werden kann.

13 Zusammenfassung

In Grund- und Oberflächenwässern, die zur Trinkwasserversorgung genutzt werden, sind Pflanzenschutzmittelwirkstoffe nachgewiesen worden. Diese Chemikalien dienen in der Landwirtschaft zur Sicherung der Nahrungsmittelproduktion (Menge und Qualität) und sind zur Zeit unter den gegebenen Rahmenbedingungen unentbehrlich. Nach den Richtlinien der Europäischen Union dürfen die Konzentrationen von Pflanzenschutzmitteln im Trinkwasser in der Summe 0,5 µg/l, die Konzentration eines Einzelwirkstoffes 0,1 µg/l nicht überschreiten.

Trinkwasser wird in der Bundesrepublik Deutschland zu etwa 75 % aus dem Grundwasser gewonnen, die restlichen 25 % aus Oberflächenwasser. Etwa 37 % der Fläche der Bundesrepublik Deutschland wird ackerbaulich genutzt (Plachter, 1991). Die Anwendung der Pflanzenschutzmittel erfolgt vorwiegend auf diesen Flächen. Darüber hinaus werden sie in Gärten, Obstplantagen und auf Nichtkulturland angewendet. Von der Bodenoberfläche dringen die Stoffe mit dem Niederschlagswasser in den Untergrund ein oder fließen direkt in Oberflächengewässer. Ein Teil des in den Untergrund einsickernden Wassers kann über Dräne abfließen und auf diesem Weg in Oberflächengewässer gelangen.

Ziel der durchgeführten Untersuchungen war eine Gefährdungsabschätzung bezüglich der zu erwartenden Konzentrationen verschiedener Pflanzenschutzmittel in Wässern von Quellschüttungen und Förderbrunnen, die zur Trinkwasserversorgung dienen. Eine Übersicht der einzelnen Verfahrensschritte im Untersuchungsprogramm ist am Ende dieses Berichtes gegeben.

Anhand der Befunde ergibt sich folgendes Bild:

Pflanzenschutzmittel können unter bestimmten hydrogeologischen, pedologischen, meteorologischen und ackerbaulichen Bedingungen in Spuren in das Grundwasser gelangen. In einigen Fällen können auch die Grenzwerte der Trinkwasserverordnung überschritten werden.

Durch vielfältige Prozesse und Faktoren, die untereinander und mit dem Boden in Wechselwirkungen stehen, kommt es in Boden und Grundwasser zu einer Konzentrationsabnahme der PSM. Die wesentlichen Prozesse sind

- Abbau,
- Sorption,
- Dispersion.

Die stärkste Abnahme der Konzentration pro Fließstrecke erfolgt in den humosen, mikrobiell aktiven Horizonten des Bodenprofils. Im Unterboden und im Grundwasser verlaufen die Konzentrationsabnahmen jedoch aufgrund veränderter Bedingungen im allgemeinen deutlich langsamer. Sind Pflanzenschutzmittel mit dem Sickerwasser zum Grundwasser gelangt, so bewegen sie sich zu Oberflächengewässern und Förderbrunnen. Die Verweilzeit der PSM in der Sickerzone beträgt Wochen bis Jahre. In ausgedehnten Grundwasserleitern aus Sedimenten kann diese Zeitspanne Jahrzehnte betragen. Als Folge dieser langen Verweilzeit vermindert der biotische und abiotische Abbau im Grundwasserleiter die Konzentration der Pflanzenschutzmittel.

Modellrechnungen zur Verlagerung von PSM in der ungesättigten Bodenzone und zum Transport in der gesättigten Zone (Grundwasser) haben gezeigt, daß die PSM-Ausbreitung bei bekannten Randbedingungen prognostiziert werden kann. Mit dem gewählten Vorgehen sind Berechnungen zum Zeitpunkt des Auftretens der PSM im Förderbrunnen möglich.

Aufgrund der vorliegenden Erkenntnisse ist nicht zu erwarten, daß die Belastung des Rohwassers in Förderbrunnen von Wasserwerken durch Pflanzenschutzmittel bundesweit langfristig zunimmt. Die Gründe sind folgende:

– Der am häufigsten im Rohwasser gefundene Wirkstoff - Atrazin - darf nicht mehr angewendet werden. Dies hat dazu geführt, daß Atrazin immer seltener im Grundwasser nachgewiesen wird.
– Die in der Landwirtschaft im Maisanbau angewendeten Ersatzwirkstoffe (z. B. Terbuthylazin) haben eine geringere Mobilität und werden somit stärker im Boden adsorbiert. Die Versickerungsneigung ist deutlich geringer.

– Bei bestimmungsgemäßer und sachgerechter Anwendung ist die PSM-Austragsgefährdung im allgemeinen als gering einzustufen.

In Hinblick auf eine Minimierung des PSM-Austrages in das Grundwasser lassen sich folgende Ansätze nennen:

– Flächendeckende Einführung und Umsetzung des Integrierten Pflanzenschutzes,
– Verbesserung der Anwendungspraxis durch die Prinzipien der "Guten fachlichen Praxis" (Reschke et al., 1987).

Bei diesen Maßnahmen stehen die Reduktion des PSM-Einsatzes auf das unbedingt notwendige Maß und die Standortbezogenheit der Anwendung im Vordergrund. Dieses Ziel ist nur durch eine enge Kooperation der Landwirtschaft, der Wasserwirtschaft, der amtlichen Beratung und der Industrie zu erreichen.

Als Konsequenz der gewonnenen Erkenntnisse wird deutlich, daß der Schutz des Grundwassers partielle Nutzungseinschränkungen für den Landwirt mit sich bringen kann. Beispielsweise müssen auf Standorten mit besonders durchlässigen Böden stärkere Einschränkungen der PSM-Verwendung in Kauf genommen werden als auf solchen mit bindigem Boden, um den Eintrag von PSM in das Grundwasser zu minimieren. Nutzungsbeschränkungen führen im allgemeinen zu einem Einkommensrückgang der Landwirte. Daher ist im Wasserhaushaltsgesetz festgelegt, daß für Einkommensverluste aufgrund o. g. Einschränkungen ein angemessener Ausgleich zu zahlen ist.

Nach den vorliegenden Untersuchungsergebnissen und den aus der Literatur verfügbaren Daten ist ein Eintrag von PSM in das Grundwasser nicht in allen Fällen vermeidbar. Dennoch besteht bei sachgerechter und bestimmungsgemäßer Anwendung der PSM nach den Grundsätzen des Integrierten Pflanzenschutzes sowie der o. g. Gesichtspunkte keine Gefährdung für die Trinkwasserversorgung. Dennoch sollten die Bemühungen zur weiteren Reduzierung des PSM-Einsatzes in vollem Umfang weitergeführt werden, um so das potentielle Risiko einer Grundwasserbelastung weiter zu reduzieren.

Eine globale Bedrohung der Rohwässer von Wasserversorgungsbetrieben durch Pflanzenschutzmittel ist in Deutschland nicht zu erkennen.

Lokal und zeitlich begrenzt kann es jedoch weiterhin zu erhöhten PSM-Werten im Grundwasser kommen, und zwar dort, wo im Einzugsgebiet von Förderbrunnen oder Quellschüttungen intensiver Ackerbau mit PSM-Anwendung betrieben wird und leichte Böden vorherrschen.

Übersicht:

UNTERSUCHUNGEN

Art	Zielsetzung	Bereich im Untergrund	Flächenbezug
Experimentell in Bodensäulen	Ermittlung von Abbau und Rückhalt von Wirkstoffen in verschiedenen Böden	Ungesättigte und gesättigte Bodenzone*)	Standort
Felduntersuchungen	Messung der vertikalen Verlagerung von Wirkstoffen in Böden unter verschiedenen Vegetationsdecken bei natürlicher Witterung	Ungesättigte Zone	Standort
	Ermittlung der Vorbelastung des Grundwassers unter den gewählten Standorten	Gesättigte Zone	Standort
	Erfassung der Belastung des Grundwassers in einem Gebiet der Oberrheinebene	Gesättigte Zone	Gebiet
Eichung von Transportmodellen mit den Ergebnissen der Experimente	Beschreibung der Ausbreitung von Wirkstoffen in der ungesättigten Bodenzone unter dem Einfluß verschiedener Standortfaktoren und klimatischer Verhältnisse	Ungesättigte Zone	Standort

Modellrechnungen	Berechnung des Eintrags von Wirkstoffen in die Grundwasseroberfläche	Ungesättigte Zone	Standort
	Test von Verfahren zur Beschreibung des Transports von Wirkstoffen im Grundwasser unter Berücksichtigung des biochemischen Abbaus der Stoffe	Gesättigte Zone	Gebiet
	Ermittlung des Stoffeintrages in das Grundwasser aus den ermittelten Konzentrationen im Grundwasser selbst	Gesättigte Zone	Gebiet
	Berechnung der Abbaugeschwindigkeit verschiedener Wirkstoffe im Grundwasser	Gesättigte Zone	Gebiet
Gefährdungsabschätzung	Einschätzung der Gefährdung der Grundwasserqualität durch Pflanzenschutzmittel unter Berücksichtigung von Wirkstoffen mit größerer Abbaubarkeit als Atrazin und unter Beachtung des Flächenbedarfs der Landwirtschaft und der Betriebe zur Trinkwassergewinnung	Gesättigte Zone	Region überregionale Betrachtung

* Ungesättigte Zone: Bereich zwischen Gelände- und Grundwasseroberfläche
Gesättigte Zone : Grundwasserleiter

14 Literaturverzeichnis

ABTEILUNG FÜR PFLANZENSCHUTZMITTEL UND ANWENDUNGSTECHNIK
DER BIOLOGISCHEN BUNDESANSTALT (Hrsg) (1986):
Versickerungsverhalten von Pflanzenschutzmitteln. Richtlinie für die amtliche Prüfung
von Pflanzenschutzmitteln, Teil IV, 4-2.

ABTEILUNG FÜR PFLANZENSCHUTZMITTEL UND ANWENDUNGSTECHNIK
DER BIOLOGISCHEN BUNDESANSTALT (1992):
Bewertung von Pflanzenschutzmitteln im Zulassungsverfahren. Mitteilungen aus der
Biologischen Bundesanstalt für Land- und Forstwirtschaft **284**, Berlin-Dahlem, 141 S.

ACHTNICH, W. (1980):
Bewässerungslandbau. 621 S., Verlag Eugen Ulmer, Stuttgart.

ADERHOLD, D., NORDMEYER, H. (1993):
The influence of soil macropores on herbicide leaching. 8th EWRS Symposium
"Quantitative approaches in weed and herbicide research and their practical application"
Braunschweig, 529-535.

ALLEN, R., WALKER, A. (1987):
The influence of soil properties on the rates of degradation of metamitron,
metazachlor and metribuzin. Pesticide Sci. **18**, 2, 95-111.

AMANN, W., SCHUSTER, M., GILSBACH, W., KEES, H., RAPPEL, A. (1989):
Auftreten von Pflanzenschutzmitteln im Grundwasser in Bayern.
Schriftenr. Ver. Wasser-, Boden- und Lufthygiene **79**, 159-182.

ARMBRUSTER, J., KOHM, J. (1976):
Auswertung der Grundwasserneubildung in der badischen Oberrheinebene.
Wasser und Boden **28**, S. 302.

BAIER, Chr., HURLE, K., KIRCHHOFF, J. (1985):
Datensammlung zur Abschätzung des Gefährdungspotentials von
Pflanzenschutzmittel-Wirkstoffen für Gewässer. DVWK Schriften 74.

BBA (1993):
Pflanzenschutzmittelverzeichnis - Spezieller Teil für das Beitrittsgebiet lt. Artikel 3 des Einigungsvertrages. Saphir Verlag, Ribbesbüttel.

BBA (1994):
Pflanzenschutzmittelverzeichnis, Teil 1. Ackerbau - Wiesen und Weide - Hopfenbau - Sonderkulturen - Nichtkulturland - Gewässer. Saphir Verlag, Ribbesbüttel.

BEAR, J. (1979):
Hydraulics of Groundwater. McGraw-Hill, New York.

BEIMS, U., Luckner L., Nitsche, C. (1982):
Beitrag zur Ermittlung von Parametern in Migrationsprozessen in der Boden und Grundwasserzone. Wissenschaftliche Zeitschrift der TU Dresden, 31 (5), 211-217.

BEITZ, H., SCHMIDT, H.H., HÖRNICKE, E., SCHMIDT, H. (1991):
Erste Ergebnisse der Analyse zur Anwendung von Pflanzenschutzmitteln und ihren ökologisch-chemischen und toxikologischen Auswirkungen in der ehemaligen DDR. Mitteilungen aus der Biologischen Bundesanstalt für Land- und Forstwirtschaft, Berlin-Dahlem, Heft 274, 123 S.

BEVEN, K., GERMANN, P. (1981):
Water flow in soil macropores. A combined flow model. J. Soil Sci. **32,** 15-29.

BEVEN, K., GERMANN, P. (1982):
Macropores and Water Flow in Soils. Water Resources Res. **18,** 1311-1325.

BINNER, R., BRASSE, D., SCHINKEL, K., SCHMIDT, H.H. (1992):
Zur Einstufung der im Beitrittsgebiet zugelassenen Pflanzenschutzmittel hinsichtlich des Grundwasser- und Bienenschutzes. Nachrichtenbl. Deut. Pflanzenschutzd. **44,** 49-57.

BLUME, H.P., BRÜMMER, G. (1987):
Prediction of the behavior of pesticides in soils by using simple field methods. Landwirtsch. Forsch. **40,** 41-50.

BOESTEN, J.J.T.I. (1986):
Behaviour of herbicides in soil: Simulation and experimental assessment.
Dissertation, Wageningen.

BONAZOUNTAS, M., WAGNER, J., LITTLE, A.D. (1984):
SESOIL: A seasonal soil compartment model. Office of toxic substances,
U.S. Einvironmental Protection Agency, Washington D.C.

BOOCHS, P.W., MULL, R. (1990):
Analyse und Prognose von Schadstoffausbreitungen im Grundwasser im
Umfeld von Altablagerungen. Mitt. Inst. f. Wasserwirtschaft, Hydrologie
und landwirtschaftlichen Wasserbau, Universität Hannover, Heft 71, S. 132-228.

BUNTE, D. (1991):
Abbau- und Sorptionsverhalten unterschiedlich persistenter Herbizide in Abhängigkeit
von Flächenvariabilität und Alter der Rückstände. Dissertation, Universität Hannover.

BUNTE, D., PESTEMER, W. (1991):
Horizontale und vertikale Variabilität bodenkundlicher Kenndaten und deren Einfluß auf
das Verhalten von Pflanzenschutzmitteln auf landwirtschaftlich genutzten Flächen.
Nachrichtenbl. Deut. Pflanzenschutzd. **43**, 238-244.

BUNTE, D., PEKRUN, S., UTERMANN, J., NORDMEYER, H.,
PESTEMER, W. (1991):
Modellversuche zur Simulation des Einwaschungsverhaltens von Herbiziden in ungestörten Labor-Säulen und im Freiland. Nachrichtenbl. Deut. Pflanzenschutzd. **43**, 17-23.

CARSEL, R.F., SMITH, C.N., MULKEY, L.A., DEAN, J.D., JOWISE, P. (1984):
User's manual for the pesticide root zone model (PRZM): Release 1.
U.S. Environmental Protection Agency, Athens, Georgia.

CHENG, H.H. (1990):
Pesticides in the soil environment: Processes, impacts and modeling. Soil Science
Society of America Book Series 2, Madison, Wisconsin, USA.

COHEN, S.Z., CREEGER, S.M., CARSEL, R.F., ENFIELD, C.G. (1984):
Potential pesticide contamination of groundwater from agricultural uses.
ACS Symposium Series **259**, 297-325.

DIBBERN, H. (1992):
Zur Simulation des Ausbreitungsverhaltens der Pflanzenschutzmittel Atrazin,
Chlortoluron, Isoproturon, Lindan und Terbuthylazin im Boden und Grundwasser.
Berichte - Reports, Geol.- Paläont. Inst. Universität Kiel, Nr. 49, 102 S.

DIBBERN, H., PESTEMER, W. (1992):
Anwendbarkeit von Simulationsmodellen zum Einwaschungsverhalten von
Pflanzenschutzmitteln im Boden. Nachrichtenbl. Deut. Pflanzenschutzd. **44**, 134-143.

DÖRHÖFER, G., JOSOPAIT, V. (1980):
Eine Methode zur flächendifferenzierten Ermittlung der Grundwasserneubildungsrate.
Geol. Jahrbuch C 27, 45-65.

DULLIEN, F.A.L. (1979):
Porous Media -Fluid Transport and Pore Structure. Academic Press, New York.

EWG (1991):
Richtlinie des Rates vom 15. Juli. 1991 über das Inverkehrbringen von
Pflanzenschutzmitteln. Amtsblatt der Europäischen Gemeinschaften. 91/414/EWG.

FAO (1984):
FAO Plant Product, Protect. Pap. 62, Rome.

FRIESEL, P., STOCK, R., AHLSDORF, B.V, KUNOWSKI, J., STEINER, B.,
MILDE, G. (1987):
Untersuchung der Grundwasserkontamination durch Pflanzenschutzmittel. Materialien
Umweltbundesamt, 3/87, 138 S.

FÜHR, F., HERRMANN, M., KLEIN, Ä.-W., SCHLÜTER, C., HERZEL, F.,
KLEIN, W., KLOSKOWSKI, R., NOLTING, H.-G., SCHINKEL, K. (1990):
Lysimeteruntersuchungen zur Verlagerung von Pflanzenschutzmitteln in den
Untergrund. Richtlinie für die amtliche Prüfung von Pflanzenschutzmitteln,
Teil IV, 4-3

GIESSL, H. (1988):
Über das Vorkommen ausgewählter Pflanzenschutzmittel im Wasser unter besonderer Berücksichtigung des Grundwassers. Dissertation, Universität Hohenheim, 139 S.

GIESSL, H., HURLE, K. (1984):
Pflanzenschutzmittel und Grundwasser. - Agrar- und Umweltforschung in Baden-Württemberg, Band 8, 80 S., Verlag Eugen Ulmer.

GORING, C.A.I, LASKOWSKI, D.A., HAMAKER, J.W., MEIKLE, R.W. (1975):
Principles of pesticide degradation in soil. In: Rizwanul Haque und V. H. Freed (eds.) "Environmental Dynamics of Pesticides", 135-172.
Plenum Press, New York.

GOTTESBÜREN, B. (1991):
Konzeption, Entwicklung und Validierung des wissensbasierten Herbizid-Beratungssystems HERBASYS. Dissertation, Universität Hannover, 212 S.

GOTTESBÜREN, B., PESTEMER, W. ,WANG, K., WISCHNEWSKY, M.B., ZHAO, J. (1990):
Aufbau und Arbeitsweise des Expertensystems HERBASYS (Herbizid-Beratungssystem). Agrarinformatik **18**, 163-174.

GROVER, R., SMITH, A.E., SHEWCHUK, S.R., CESSNA, A.J., HUNTER, J.H. (1988):
Fate of trifluralin and triallate applied as a mixture to a wheat field. Journal of Environmental Quality **17**, 543-550.

HÄFNER, M. (1989):
Wichtige Aspekte zum Schutz des Grundwassers vor Pflanzenschutzmittel-Rückständen - dargestellt am Beispiel der Chlortriazine Atrazin, Simazin und Terbuthylazin. In: Schriftenreihe des Vereins für Wasser-, Boden- und Lufthygiene **79**, 261-294, Gustav Fischer Verlag, Stuttgart.

HANCE, R.J. (1980):
Interactions between herbicides and the soil. Academic press inc., New York.

HOLLIS, J.M. (1991):
Assessments of the vulnerability of aquifers and surface waters to contamination by pesticides. - SSLRC Research Report for MAFF Project 1989-1990.

HOLZMANN, A. (1993):
Die Wirkstoffmeldungen nach § 19 des Pflanzenschutzgesetzes. Nachrichtenbl. Deut. Pflanzenschutzd. **45**, 25-31.

HURLE, K. (1982):
Untersuchungen zum Abbau von Herbiziden in Böden. Acta Phytomedica **8**. Verlag Paul Parey, Berlin und Hamburg.

HURLE, K., KIBLER, E., AMREIN, J., KEMMER, A. (1986):
Auswirkungen von Pflanzenschutzmittel-Kombinationen bzw. Spritzfolgen in Winterweizen auf die Abbaukinetik der Herbizide Chlortoluron und Mecoprop sowie auf Mikroorganismen im Boden. In: Herbizide II, DFG-Forschungsbericht, VCH-Verlagsgesellschaft, Weinheim.

INDUSTRIEVERBAND AGRAR e.V. (1990):
Wirkstoffe in Pflanzenschutz- und Schädlingsbekämpfungsmitteln. Physikalisch-chemische und toxikologische Daten. BLV Verlagsgesellschaft mbH, München.

INDUSTRIEVERBAND PFLANZENSCHUTZ e.V. (1987):
Pflanzenschutzwirkstoffe und Trinkwasser. Ergebnisse einer Untersuchungsreihe der Pflanzenschutzindustrie. Industrieverband Pflanzenschutz e.V., Frankfurt/Main.

JURY, W.A., FOCHT, D.D., FARMER, W.J. (1987):
Evaluation of pesticide groundwater pollution potential from standard indices of soil-chemical adsorption and biodegradation. Journal of Environmental Quality **16**, 422-428.

KINZELBACH, W. (1982):
Modellierung des Transportes von Schadstoffen im Grundwasser. 5. Wassertechnisches Seminar, Schriftenreihe WAR **16**, 109-131.

KIPP, K. L. Jr. (1987):
HST3D. A computer code for simulation of heat and solute transport in three-dimensional groundwater flow systems. U.S. Geological Survey, Water-Resources Investigations Report 86-4095, Denver, Colorado.

KLEIN, W., KÖRDEL, W., POLSTER, J., KLEIN, M. (1988):
Entwicklung eines Modells zur Abschätzung des Verbleibs von Umweltchemikalien in Böden. Forschungsbericht 10602065, Umweltbundesamt.

KLOSKOWSKI, R., FÜHR, F. (1988):
Charakterisierung und Bioverfügbarkeit von gebundenen Pflanzenschutzmitteln im Boden. Wissenschaft und Umwelt 2, 112-121.

KNISEL, W.G., LEONHARD, R.A., DAVIS, F.M. (1989):
GLEAMS User's Manual, Southeast Watershed Research Laboratory.
Tifton, Georgia, 35.

KONIKOW, L.F., BREDEHOEFT, J.D. (1978):
Computermodel of two-dimensional solute transport and dispersion in groundwater. Techniques of Water Resources Investigations of the U.S. Geological Survey, Book 7, U.S. Goverment Printing Office, Washington.

KRASEL, G., PESTEMER, W. (1993):
Pflanzenschutzmittel-Verflüchtigung von Oberflächen. 8th EWRS Symposium "Quantitative approaches in weed and herbicide research and their practical application", Braunschweig, 399-406.

LEONARD, R.A., KNISEL, W.G. (1988):
Evaluating groundwater contamination potential from herbicide use.
Weed Technology 2, 207-216.

LÖSKING, O., STEINERT, P., JANDEL, B., PESTEMER, W., WALTHER, W., WOLFF, J. (1992):
Grundwasserkontaminationen durch Pflanzenschutzmittel in ausgewählten Trinkwasserschutzgebieten in Niedersachsen. DVGW-Schriftenreihe
Wasser Nr. 73, 37-54.

LWA (1988):
Pestizide im Gewässer. LWA-Materialien 2/88. Landesamt für Wasser und Abfall, Nordrhein-Westfalen. Fachgespräch des LWA, Düsseldorf 141 S.

MAAS, G., KRASEL, G. (1988):
Direkte Abtrift von Herbiziden bei Verwendung verschiedener Düsentypen und Zusatzstoffe. Zeitschrift für Pflanzenkrankheiten und Pflanzenschutz, Sonderheft XI, 241-247.

MAAS, G., MALKOMES, H.-P., PESTEMER, W. (1986):
Beeinflussung bodenbiologischer Aktivitäten durch Herbizide allein und durch Pflanzenschutzmittel-Spritzfolgen in Zuckerrüben-Getreide-Fruchtfolgen. In: Herbizide II, DFG-Forschungsbericht, VCH-Verlagsgesellschaft, Weinheim.

MAAS, G., PESTEMER, W., KRASEL, G. (1988):
Indirekte Abtrift (Verflüchtigung) von Herbiziden von Oberflächen. Zeitschrift für Pflanzenkrankheiten und Pflanzenschutz, Sonderheft XI, 249-258.

MAC INTYRE, W.G., STAUFFER, Th.B. (1988):
Liquid chromatography applications to determination of sorption on aquifer materials. Chemosphere 17, 2161-2173.

MADHUN, Y.A., FREED, V.H. (1987):
Degradation of the herbicides bromacil, diuron and chlorotoluron in soil. Chemosphere 16, 1003-1011.

MALKOMES, H.P. (1992a):
Herbizideinflüsse auf mikrobielle Aktivitäten im Boden unter variierten ökologischen Bedingungen: Abhängigkeit von der Bodentemperatur. Weed Research 32, 231-241.

MALKOMES, H.P. (1992b):
Herbizideinflüsse auf mikrobielle Aktivitäten im Boden unter variierten ökologischen Bedingungen: Abhängigkeit von der Bodenfeuchte. Weed Research 32, 221-230.

MARSHALL, I.J. (1959):
Relations beetween water and soil. Tech. Comm. 50. Commonwealth Bur. Soils Harpenden, U.K.

Mc DONALD, M.G., HARBAUGH, A. (1988):
A modular three-dimensional finite difference groundwater flow model.
U.S. Geological Survey, Reston, Virginia, 528 pp.

MERCADO, A. (1976):
Nitrate and Chloride Pollution of Aquifers: A Regional Study with the Aid of a single-cell Model. Water Resources Res. **10**, No. 4.

MILDE, G., FRIESEL, P. (Hrsg.) (1987):
Grundwasserbeeinflussung durch Pflanzenschutzmittel. Schriftenreihe des Vereins für Wasser-, Boden- und Lufthygiene **68**, Gustav Fischer Verlag, Stuttgart.

MILDE, G., LESCHBER, R. (Hrsg.) (1986):
Boden und Grundwasserschutz. Schriftenreihe des Vereins für Wasser-, Boden- und Lufthygiene **64**, Gustav Fischer Verlag, Stuttgart.

MILDE, G., MÜLLER-WEGENER, U. (Hrsg) (1989):
Pflanzenschutzmittel im Grundwasser. Bestandsaufnahme, Verhinderungs- und Sanierungsstrategien. Schriftenreihe des Vereins für Wasser-, Boden- und Lufthygiene **79**, Gustav Fischer Verlag, Stuttgart.

MILES, C.J., DELFINO, J.J. (1985):
Fate of aldicarb, aldicarb sulfoxide and aldicarb sulfon in Floridan groundwater.
J. Agric. Food Chem. **33**, 455-460.

MUALEM, Y. (1976):
A new model for predicting the hydraulic conductivity of unsaturated porous media.
Water Resour. Res. **12**, 513-522.

MULKEY, L.A., DEAN, J.D., JOWISE, P. (1984):
User`s Manual for the Pesticide Root Zone Model (PRZM): Release 1. U.S. Environmental Protection Agency, Athens, Georgia, 216 pp.

NICHOLLS, P.H., WALKER, A., BAKER, R.J. (1982):
Measurement and simulation of the movement and degradation of atrazine and metribuzine in a fallow soil. Pesticide Science **13**, 484-494.

NIEDERSÄCHSICHES. UMWELTMINISTERIUM (Hrsg.) (1993):
Umweltbericht der Niedersächsichen Landesregierung 1992, Hannover.

NOLTING, H.-G., SIEBERS, J., STORZER, W.,
WILKENING, A., HERRMANN, M., SCHLÜTER, C. (1990):
Prüfung des Verflüchtigungsverhaltens und des Verbleibs von Pflanzenschutzmitteln in der Luft. Richtlinie für die Prüfung von Pflanzenschutzmitteln im Zulassungsverfahren, Teil IV, 6-1.

NORDMEYER, H., PESTEMER, W. (1992):
Mögliche Grundwassergefährdung durch Pflanzenschutzmittel.
Wasser-Abwasser-Praxis **5**, 268-275.

NORDMEYER, H., PESTEMER, W., RAHMAN, A. (1992):
Sorption and transport behaviour of some pesticides in ground water sediments.
Stygologia **7**, 3-11.

NORDMEYER, H., DIBBERN, H., HERKLOTZ, K., PESTEMER, W. (1994):
Verhalten von Pflanzenschutzmitteln in Poren-Grundwasserleitern. In: Spillmann (Hrsg.) Schadstoffe im Grundwasser, Band 2. DFG-Forschungsbericht, VCH-Verlagsgesellschaft, Weinheim.

OBERWALDER, C., HURLE, K. (1993):
Pflanzenschutzmittel in Niederschlägen - Zusammenhang zwischen Einsatz und Deposition. Proceedings 8 th EWRS Symposium "Quantitative approaches in weed and herbicide research and their practical application" Braunschweig, 391-398.

OECD (1981):
OECD-Guideline (106) for testing chemicals: "Adsorption/Desorption".

PERKOW, W. (1993):
Wirksubstanzen der Pflanzenschutz- und Schädlingsbekämpfungsmittel.
Verlag Paul Parey.

PESTEMER, W. (1983):
Methodenvergleich zur Bestimmung der Pflanzenverfügbarkeit von Bodenherbiziden.
Berichte aus dem Fachgebiet Herbologie der Universität Hohenheim **24**, 85-96.

PESTEMER, W. (1988):
Ausbreitung und Abbau von Herbiziden im Boden.
Mitteilungen für die Schweizerische Landwirtschaft **36** (1/2), 2-17.

PESTEMER, W. (1989):
Rückstandsanalytik von Pflanzenschutzmitteln (Triazine, Bromacil, Lindan) aus Boden und Wasser. Anwendungshinweise für das Baker-10 Extraktionssystem und Einmal-Trennsäulen. Fa J.T. Baker Chemikalien, AN 234.

PESTEMER, W., NORDMEYER, H. (1988):
Sorption von ausgewählten Pflanzenschutzmitteln an unterschiedlichen Schlauchmaterialien. Zbl. Bakt. Hyg. B. **186**, 375-379.

PESTEMER, W., WOLFF, J., STEINERT, P. (1993):
Abschätzung und Monitoring der Grundwassergefährdung durch Pflanzenschutzmittel an ausgewählten Standorten in Niedersachsen.
Proceedings 8 th EWRS Symposium "Quantitative approaches in weed and herbicide research and their practical application" Braunschweig, 543-550.

PETER, C.J., WEBER, J.B. (1985):
Adsorption, mobility, efficacy of metribuzin as influenced by soil properties.
Weed Sci. **33**, 868-873.

PFLANZENSCHUTZ-ANWENDUNGSVERORDNUNG (1988):
Pflanzenschutz-Anwendungsverordnung vom 27. Juli 1988.
Bundesgesetzblatt, Teil I, 1196.

PFLANZENSCHUTZ-ANWENDUNGSVERORDNUNG (1993):
Novellierte Pflanzenschutz-Anwendungsverordnung vom 3. August 1993.
Bundesgesetzblatt, Teil I.

PFLANZENSCHUTZ-SACHKUNDEVERORDNUNG (1987):
Pflanzenschutz-Sachkundeverordnung vom 28. Juli 1987.
Bundesgesetzblatt, Teil I, Nr. 39, 1752-1753.

PFLANZENSCHUTZGESETZ (1986):
Gesetz zum Schutz der Kulturpflanzen (Pflanzenschutzgesetz - PflSchG)
vom 15. September 1986. Bundesgesetzblatt, Teil I, Nr. 49, 1505-1519.

PINDER, G. (1968):
Application of the Digital Computer for Aquifer Evaluation
Water Resources Research **4**, No.5.

PLACHTER (1991):
Naturschutz. UTB für Wissenschaft, Gustav Fischer Verlag, Stuttgart.,463 S.

PRICKETT, T.A., LONNQUIST, G. (1971):
Selected digital computer techniques for groundwater resource evaluation.
Illinouis State Water Survey, Bulletin 55.

PRICKETT, T.A., NAYMIK, T., LONNQUIST, G. (1981):
A "random walk" solute transport model for selected groundwater quality evaluations:
Illinouis State Water Survey, Bulletin 65.

RADULOVICH, R., SOLORZANO, E., SOLLINS, P. (1989):
Soil Macropore Size Distribution from Water Breakthrough Curves.
Soil Sci. Soc. Am. J. **53**, 556-559.

RAO, P.S.C., JESSUP, R.E., (1982):
Development and verification of simulation models for describing pesticide dynamics
in soils. Ecol. Modelling **16**, 67-75.

RAO, P.S.C., HORNSBY, G., JESSUP, R.E. (1985):
Indices for ranking the potential of pesticide contamination of groundwater.
Soil and Crop Science Society of Florida, Proceedings **44**, 1-8.

RAO, P.S.C., HORNSBY, G., JESSUP, R.E. (1985):
Indices for ranking the potential of pesticide contamination of groundwater.
Soil and Crop Science Society of Florida, Proceedings **44**, 1-8.

REICHLING, J. (1991):
Mobilität und Persistenz der Herbizide Chlortoluron, Terbuthylazin und Pendimethalin in einem porösen Grundwasserleiter. Dissertation, Universität Kiel.

RESCHKE, M., BÖTGER, H., RIPKE, F.O. (1987):
"Gute fachliche Praxis" im Pflanzenschutz. Gesunde Pflanze **39**, 12, 497-509.

RICHTER, O., NÖRTERSHEUSER, P., DIEKKRÜGER, B. (1992):
Modeling reactions and movement of organic chemicals in soils by coupling of biological and physical processes. Modeling Geo-Biosphere Processes **1**, 95-114.

ROGG, J.-M. (1991):
PBSM-Belastungen im Anströmbereich eines Grundwasserwerkes und mögliche Abwehrstrategien. DVGW-Schriftenreihe Wasser, Nr. 67, 81-111.

SCHEIDEGGER, A.E. (1963):
The Physics of Flow through Porous Media. Univ. of Toronto Press, Toronto.

SCHIAVON, M. (1988):
Studies of the movement and the formation of bound residues of atrazine, of its chlorinated derivatives, and of hydroxyatrazine in soil using ^{14}C ring-labeled compounds under outdoor conditions. Ecotoxicology and Environmental Safety **15**, 55-61.

SCHINKEL, K., NOLTING, H.-G., LUNDEHN, J.R. (1986):
Verbleib von Pflanzenschutzmitteln im Boden - Abbau, Umwandlung und Metabolismus - Richtlinie für die amtliche Prüfung von Pflanzenschutzmitteln, Teil IV, 4-1.

SCHLEYER R., KERNDORFF, H. (1992):
Die Grundwasserqualität westdeutscher Trinkwasserressourcen.
VCH-Verlagsgesellschaft, Weinheim 249 S.

SCHMIDT, H-H., JESKE, A., HAMANN, W. (1990):
Rückblick auf Entwicklung und Ergebnisse der Pflanzenschutzmittel- und Geräteprüfung in der DDR. Nachr.-Bl. Pflanzenschutz Berlin **44**, 299-305.

SCHNEIDER, M. (1987):
Hydrogeologie des Wasserwerkes Hausen a. d. Möhlin und dessen Einzugsgebiet.
Dissertation, Universität Heidelberg, 254 S.

SEIBERT, K., FÜHR, F. (1984):
Der Einfluß des Wassergehaltes auf den Atrazin-Abbau im Boden. Z. Pflanzenernähr. Bodenk. **147**, 485-496.

SHYY, W., CHEN, M.-H., MITTAL, R., UDAYKUMAR, H.S. (1992):
Suppression of Numerical Oscillations Using a Non-Linear Filter.
Journal of Computational Physics **102**, 49-62.

SMELT, J.H., DEKKER, A., LEISTRA, M., HOUX, N.W.H. (1983):
Conversion of four carbamoyl-oximes in soil samples from above and below the water table. Pesticide Sci. **14**, 173-181.

STALDER, L., PESTEMER, W. (1980):
Availability to plants of herbicide residues in soil. Part I. A rapid method for estimating potentially available residues of herbicides. Weed Research **20**, 341-347.

TRINKWASSERVERORNUNG (1986):
Verordnung über Trinkwasser und über Wasser für Lebensmittelbetriebe (Trinkwasserverordnung - TrinkwV) vom 22. Mai 1986.
Bundesgesetzblatt, Teil I, Nr. **23**, 760-773.

UBA (1993):
Pflanzenschutzmittelbefunde im Wasser. Mitteilungen der Länder an das Umweltbundesamt. Stand Dezember 1992.

VAN GENUCHTEN, M. Th. (1980):
A Closed-Form Equation for Predicting the Hydraulic Conductivity of Unsaturated Soils.
Soil Science Society of America Journal **44**, 892-898.

VAN GENUCHTEN, M.Th., CLEARY,R.W. (1979):
Movement of solutes in soil: Computer-simulated and laboratory results.
In G. H. Bolt (ed.), "Soil Chemistry. B. Physico-Chemical Models",
Chapter 10, 349-386. Elsevier, Amsterdam.

VOERKELIUS, U., SPANDAU, L. (1988):
Operationalisierung der Bodenfunktionen als Bilanzgrößen des Bodenschutzes am
Beispiel eines ausgewählten Raumes, UFOPIAN-FKZ 10703002,
Umweltbundesamt, Berlin.

WAGENET, R.J., HUTSON, J.L. (1989):
LEACHM: A process-based model of water and solute movement, transformations, plant
uptake and chemical reactions in the unsaturated zone.- Vol. 2 (Version 2), 148 p.
Center for Environmental Research, Cornell University, Ithaca, New York.

WEBER, W. (1989):
Pflanzenschutzmittel und ähnliche Stoffe in Grund- und Trinkwässern: Tendenzen bei der
Analytik aus Sicht chemischer Untersuchungsanstalten. Schriftenreihe des Vereins für
Wasser-, Boden- und Lufthygiene e.V., 6. Fachgespräch " Gewässer und Pflanzenschutz-
mittel **79**, 183-216.

WEBER, W., SCHRAMM, M. (1986):
Simultane Anreicherung chemisch unterschiedlicher Pflanzenbehandlungsmittel und
ähnlicher Stoffe aus Trink- und Grundwässern mittels Festphasen-Extraktion.
Applikationsbibliographie, Lit. **148**, J.T. Baker Chemicals B.V.

WEED SCIENCE SOCIETY OF AMERICA (1989):
Herbicide Handbook of the Weed Science Society of America. Sixth Edition.

WETHJE, J., LEAVITT, J., SPALDING, R.F. (1981):
Atrazine Contamination of Ground Water in the Platte Valley of Nebraska from
Non-Point Sources. The Science of the Total Environment **21**, 47-51.

WETHJE, G., SPALDING, R.F., BURNSIDE, O., LOWRY, R., LEAVITT, J. (1983):
Biological Significance and Fate of Atrazine under Aquifer Conditions.
Weed Science **31**, 610-618.

WHO (1993):
"Guidelines for Drinking-Water Quality".

WOOD, L.A., DAVIDSON, J.M. (1975):
Fluometuron and water content distributions during infiltration: Measured and calculated. Soil Sci. Soc. Amer. Proc. **39**, 820-825.

15 Sachverzeichnis

Seite

Abbau	11,13,63,76,83
Abbaukonstante	54,130,134,159,167
Abbauprodukt	29
abiotisch	53,169
Abstandsgeschwindigkeit	49,61,137
Adsorption	11,13
Adsorptionskapazität	85
Adsorptionkoeffizient	110
Advektion	48,103
Akarizid	16
Alachlor	26
Aldicarb	167
Alterung	58
Anwendung	26
Anwendungsbeschränkung	26
Anwendungsverbot	26
Applikation	37f.,41,76
Arelon	34
aromatisch	70
Arsenik	1
Atrazin	8,26,39,70,134,159-167
Ätzkalk	1
Auenboden	66
Aufwandmenge	11,63,135
Austragsgefährdung	129
Bakterien	34
Basta	34
Bazagran	34
Bentazon	26,34
Betanal Plus	34
Biomasse	55
biotisch	53,169
Bleiarsen	1
Boden	63,140
Bodenfeuchte	44,46
Bodenorganismen	55
Braunerde	66
Bromacil	134
Bromid	1,89
Bromoxynil	34
Brunnen	11,161
Buctril	34
Butisan	34

	Seite
Carbamate	17
Chlordimeform	22
Chloridazon	26,34,36
Chlortoluron	36,70,134
cometabolisch	37
Dampfdruck	11,27,32,42
Darcy-Gesetz	48
DDT	1
Degradationskoeffizient	112,116
Degradationskurve	53
Degradationsmodell	53
Deposition	42
Derivat	40
Desaminierung	40
Desethylatrazin	8,141,154-156
Desethylterbuthylazin	141,144
Desisopropylatrazin	141
Desmetryn	70,80-85,167
Desorption	44,61
Detektor	74
Dichlormethan	74
Dichlorprop-p	34
Diffusion	44,107
Diffusionsrate	36
disappearance time	28,54
Dispersion	11,47,107
Dispersionskoeffizient	50,109
Dispersivität	50
Duplosan DP	34
Duplosan KV	34
Durchbruchskurve	81
Durchlässigkeit	11,119,135
Durchwurzelungstiefe	117
Elancolan	34
Entwicklungshemmer	17
Enzymkinetik	54
Ethofumesat	34,134
Evaporation	104
Extensivierungsprogramm	3
Faktorenwirkungsmodell	129
Filtergeschwindigkeit	48,109
Flächennutzung	140
Fließgeschwindigkeit	137,152
Fließweg (-strecke)	138,164,166

	Seite
Flurabstand	11,58,151,155
Fluroxypyr	34
Förderbrunnen	169
Fracht	165
Fruchtfolge	11,38
Fungizid	16,141
Gardoprim	73
Gaschromatograph	74
Gefährdungspotential	41
Gley	1402
Getreide	34
Glufosinat	34
Goltix WG	34
Gradient,hydraulisch	48
Grenzwert	7,26
Gropper	34
Grundwasser	6f.,105,135-167,170
Grundwasserbilanz	153
Grundwasserleiter	62,63,137,156,169
Grundwasserneubildung	45,139,153
Grundwasseroberfläche	163
Hackfrüchte	140
Halbwertszeit	40,46,54,164
Harnstoffderivat	70
Herbizid	16,129,141
Höchstmengenverordnung	24
Hohlraumanteil, durchflußwirksamer	137,164
Humusgehalt	42,66,78,129
Hydrolyse	40
Hydroxiatrazin	40
Hysterese	87
Insektizid	16,141
Isoproturon	34,134
Kartoffeln	34
K_d-Wert	73,75
Klima	118
Kombinationsmodell	113
Konvektion	47,107
Konzentration	109,147,149,161
Kriging - Interpolationsverfahren	68
Kupfervitriol	1
Landnutzung	12,159,165
Lichtstabilität	27

	Seite
Lindan	1,26,134,167
Lithiumbromid	79,88,94
Lößboden	118
Lysimeter	45,86-93
Mais	34,140
Makroporen	11,31
Managementmodell	56,103
Matrixpotential	56
Mecoprop-p	34
Metabolismus	27f.
Metabolit	8,144
Metalaxyl	143
Metamitron	34,134
Metazachlor	34
Methabenzthiazuron	34,70,134
Metolachlor	26,147
Metribuzin	134
Metsulfuron	34
Mikroorganismen	72,99
Modell	101f.
Modellhierarchie	101
Nematizid	16
Nematode	3,16
Niederschlag	91-93,119f.
Oberboden	5,48,57
Oberflächengewässer	9,139,168
Oberflächenwasser	7,147,168
Octadecyl-Säulen	73
Octanol/Wasser-Verteilungskoeffizient	29f.
Organochlor-Verbindungen	17
Organophosphor-Verbindungen	17
Oxamil	167
Parabraunerde	124-128,140
Pararendzina	141
Parathron	1
Pendimethalin	26,34,69,70-78,134
Persistenz	11
Pflanzenschutz	3
Pflanzenschutzanwendungsverordnung	26
Pflanzenschutzgesetz	16,23
Pflanzenschutzmittel	2,15,22,34,129
Pflanzenschutzsachkundeverordnung	27

	Seite
Phase	42
Phenmedipham	34,134
Phenol	17
Phenolester	17
Phenolether	17
Phenylharnstoff	17
Photolyse	42
pH-Wert	56,72
Pilz	3
Potenzratenmodell	113,117
Propanil	26
Propazin	141,146
Propetamfos	143
Propyzamid	134
Pyramin WG	34
Pyridate	26
Quelle	163
Quellschüttung	7
Quellwasser	8,163
Raps	41
Reben	140
Researchmodell	103
Retardationsfaktor	60,132
Rodentizid	16
Rohwasser	160
Rückstand	122
Saugspannung	87,111
Schätzverfahren	129
Screening	28
Screeningmodell	103
Sesquioxid	51
Sensitivitätsanalyse	131
Sickerwasser	9,60
Simazin	26,39,134
Sonderkulturen	140
Sorption	27,42,129
Sorptionskonstante	51,132-134
Spritzfolge	35
Starane	34
Stofffracht	65,165
Stofftransport	65
Stomp SC	34,73
Strömungsfeld	152
Strömungsmodell	157

	Seite
Struktur	55
Strychnin	1
Temperatur	11,87
Tensiometer	86f.
Terbuthylazin	39,69,70-78,94,99,134,167
Terbutryn	70,80,167
Textur	55
Ton	36,49
Tonminerale	51,57
Tracer	60,79
Tramat 500	34
Transmissivität	137,152
Transpiration	41
Transpirationsleistung	41
Triallat	42
Triazin	70,81
Trifluralin	26,34,41f.
Trinkwasser	7,168
Trinkwasserqualität	6f.,15
Trinkwasserverordnung	25,31,168
Trinkwasserversorgung	4,168-171
Uferfiltrat	7,9,139
Unkrautbekämpfung	4,22
Unterboden	48,57
Verdunstung	11
Verflüchtigung	42
Verlagerung	103,112
Verteilungskoeffizient	42,97
Verweilzeit	13,64,159
Virus	3
Volatilisation	42
Wasserbilanz, klimatische	130
Wasserhaushaltsgesetz	23,31,168
Wasserlöslichkeit	11,27
Wasserschutzgebiet	26,31f.
Wasserschutzgebietsauflage	31
Wasserschutzzone	139
Wasserversorgung	6
Wasserwerk	135,159-161,169
WHO (World Health Organization)	26
Wildkraut	3
Wirkstoff	2,22,89,130,155

	Seite
Zuckerrübe	36
Zulassung	27
Zulassungsverfahren	27

MIX
Papier aus verantwortungsvollen Quellen
Paper from responsible sources
FSC® C105338

If you have any concerns about our products,
you can contact us on
ProductSafety@springernature.com

In case Publisher is established outside the EU,
the EU authorized representative is:
**Springer Nature Customer Service Center GmbH
Europaplatz 3, 69115 Heidelberg, Germany**

Printed by Libri Plureos GmbH
in Hamburg, Germany